한 번에 합격하기

KB091170

핵점만 모은

최신판

실내건축

Industrial Engineer
Interior Architecture

산업기사 실기
시공실무

정하정 지음

BM (주)도서출판 성안당

■ 도서 A/S 안내

저자 문의 e-mail : summerchung@hanmail.net(정하정)

본서 기획자 e-mail : coh@cyber.co.kr(최옥현)

홈페이지 : http://www.cyber.co.kr   전화 : 031) 950-6300

머리말

    취업이 쉽지 않은 상황에서 자격증 시험준비를 하느라 불철주야 노력하고 있는 수험자분들에게 도움이 되고자 본 서적을 집필하면서 수험자분들 합격의 영광이 함께 하시기를 진심으로 바랍니다.

    필자는 이 서적을 집필하는 데 있어서 실내건축산업기사 실기 필답형을 준비하는 수험자분들이 짧은 기간에 효율적으로 공부할 수 있도록 1992년부터 2019년까지의 출제문제를 분석하여 동일하거나 유사한 문제를 체계적이고, 정리함으로써 시험 준비를 철저히 할 수 있도록 노력하였고, 시험에 대비하여 시간의 투자에 비해 필답형의 성과는 대단히 높을 것으로 생각합니다. 작업형의 시간은 많은 시간과 경비를 투자하여야 하나, 이에 비해 필답형은 적은 시간과 경비로 점수를 획득할 수 있으므로 최소의 노력으로 최대의 효과를 얻을 방법임에 주의를 기하여야 할 것입니다.

    특히. 실기 시험의 점수(필답형은 40점, 작업형은 60점) 배분을 보면, 필답형과 작업형의 비율은 4:6으로 필답형의 성적이 합격과 불합격을 결정하는 매우 중요한 부분임을 알고 시험에 대비하여야 할 것으로 사료됩니다.

    본 서적의 특징을 보면,
1. 1992년부터 2019년까지 시행된 과년도 출제문제(약 400문항)를 분석하여 동일하거나, 유사한 문제를 통합, 정리하여 출제 빈도를 알 수 있도록 표기하였으며, 이를 바탕으로 하여 수험 준비를 철저히 할 수 있도록 하였다.
2. 구성은 제1편 시공, 제2편 적산, 제3편 공정 및 품질관리로 구성하였고, 각 편에는 단원별로 구성하여 실내건축 시공실무 분야를 이해하기 쉽도록 구성하였다.
3. 해설 및 정답 부분에는 핵심적인 해설과 정답을 기호와 함께 용어를 사용함으로써 문제의 핵심 부분을 이해하는 데 도움이 되도록 구성하였다.
4. 부록 편에는 최근 기출문제를 중심으로 문제와 해설을 추가함으로써 최근의 출제 경향을 이해하는 데 도움이 되도록 구성하였다.

    이 책은 수험자 여러분들이 시험에 효과적으로 대비할 수 있도록 집필에 최선을 다하였고, 추후에도 여러분들의 조언과 지도를 받아서 좀 더 완벽을 기하는 책으로 거듭날 수 있도록 노력할 것입니다. 끝으로 본 서적의 출판 기회를 마련해 주신 도서출판 성안당의 이종춘 회장님, 김민수 사장님, 최옥현 전무님과 임직원 여러분께 진심으로 감사의 마음을 전합니다.

2022년 3월 사무실에서

저자 정하정

시험안내

개요

실내공간은 기능적 조건뿐만 아니라, 인간의 예술적, 정서적 욕구의 만족까지 추구해야 하는 것으로, 실내공간을 계획하는 실내건축분야는 환경에 대한 이해와 건축적 이해를 바탕으로 기능적이고 합리적인 계획, 시공 등의 업무를 수행할 수 있는 지식과 기술이 요구된다. 이에 따라 건축의장분야에서 필요로 하는 인력을 양성하고자 한다.

수행직무

건축공간을 기능적, 미적으로 계획하기 위하여 현장분석자료 및 기본개념을 가지고 공간의 기능에 맞게 면적을 배분하여 공간을 계획 및 구성하며, 이러한 구성개념의 표현을 위하여 개념도, 평면도, 천정도, 입면도, 상세도, 투시도 및 재료 마감표를 작성, 완료된 설계도서에 의거하여 현장의 공정 및 시공을 관리하는 등의 직무를 수행한다.

진로 및 전망

건축설계사무실, 건설회사, 인테리어사업부, 인테리어전문업체, 백화점, 방송국, 모델하우스 전문시공업체, 디스플레이전문업체 등에 취업할 수 있으며, 본인이 직접 개업하거나 프리랜서로 활동이 가능하다. 실내건축은 창의적인 능력과 경험을 토대로 하는 지식산업의 하나로 상당한 부가가치를 창출할 수 있으며, 실내공간의 용도가 전문적이고도 특별한 기능이 요구되는 상업공간, 주거공간, 전시공간, 사무공간, 의료공간, 예식공간, 교육공간, 스포츠 · 레저공간, 호텔, 테마파크 등 업무영역의 확대로 실내건축산업기사의 인력 수요는 증가할 전망이다. 또한 경쟁도 심화되어 고도의 전문지식 습득 및 서비스정신, 일에 대한 정열은 필수적이다.

취득방법

① 시 행 처 : 한국산업인력공단(http://www.q-net.or.kr)

② 관련학과 : 전문대학 이상의 실내건축, 실내디자인 건축설계디자인공학, 건축설계학
　　　　　　 관련학과

③ 시험과목
 - 필기 : 1. 실내디자인계획 2. 실내디자인 시공 및 재료 3. 실내디자인환경
 - 실기 : 실내디자인실무

④ 검정방법
 - 필기 : 객관식 4지 택일형 과목당 20문항(과목당 30분)
 - 실기 : 복합형[필답형(1시간) + 작업형(5시간 정도)]

⑤ 합격기준
 - 필기 : 100점을 만점으로 하여 과목당 40점 이상, 전과목 평균 60점 이상
 - 실기 : 100점을 만점으로 하여 60점 이상

⑥ 수수료
 - 필기 : 19,400원
 - 실기 : 27,900원

시험일정

1. 원서접수시간은 원서접수 첫날 10 : 00부터 마지막 날 18 : 00까지 임

2. 필기시험 합격예정자 및 최종합격자 발표시간은 해당 발표일 09 : 00임

3. 주말 및 공휴일, 공단창립기념일(3.18)에는 실기시험 원서 접수 불가

출제기준

2022 출제기준(실기)

직무 분야	건 설	중직무 분야	건 축	자격 종목	실내건축산업기사	적용 기간	2022.1.1.~2024.12.31.

○ 직무내용 : 기능적, 미적요소를 고려하여 건축 실내공간을 계획하고, 제반 설계도서를 작성하며, 완료된 설계도서에 따라 시공 및 공정관리를 수행하는 직무이다.

○ 수행준거 : 1. 실내 공간 관계 법령 및 관련 자료에 대한 조사를 통해 전반적인 프로젝트의 성격을 규정할 수 있는 분석결과를 도출할 수 있다.
2. 실내 공간 계획을 토대로 설계 개념에 부합하는 재료의 특성 고려하고, 실내공간의 용도와 시공에 필요한 마감재료를 선별할 수 있다.
3. 실내 공간 계획을 토대로 설계 개념에 부합하는 조형성, 사용자의 특성 고려하고, 실내공간의 통합적 균형을 이루도록 색채 계획을 수립할 수 있다.
4. 실내공간의 용도와 사용자의 행태적, 심리적 특성, 시공성, 기능성, 조형성 등을 고려하고 가구 안전기준을 적용한 가구계획을 수립할 수 있다.
5. 실내공간의 용도와 사용자의 행태적, 심리적 특성, 시공성 등을 고려하고, 전기 안전기준을 적용한 조명계획을 수립하고 전기설비 및 조명분야와 공간계획안 구체화를 협의할 수 있다.
6. 실내디자인 공간계획을 토대로 실내공간의 용도와 사용자의 특성, 시공성 등을 고려한 전기, 기계, 소방설비 분야의 적용 계획을 수행하여 협의할 수 있다.
7. 공간의 성격 및 특징을 분석하여 공간 콘셉트를 설정하며 동선 및 조닝 등 실내공간을 계획하고 기본 계획을 수립하며 도면을 작성할 수 있다.
8. 설계업무를 수행함에 있어 구상하거나 구체화한 결과물을 수작업과 컴퓨터를 이용하여 2D와 3D, 모형 등으로 제작하여 구현할 수 있다.

실기검정방법	복합형	시험시간	6시간 정도 (필답형 : 1시간, 작업형 : 5시간 정도)

실 기 과목명	주요항목	세부항목	세세항목
실내디자인 실무	1. 실내디자인 자료 조사 분석	1. 실내공간 자료 조사하기	1. 해당 공간과 주변의 인문적 환경, 자연적 환경, 물리적 환경을 조사할 수 있다. 2. 해당 공간을 현장 조사할 수 있다. 3. 해당 프로젝트에 적용할 수 있는 유사 사례를 조사할 수 있다. 4. 사용자의 요구조건 충족을 위해 전반적 이론과 구체적 아이디어를 수집할 수 있다.
		2. 관계 법령 분석하기	1. 프로젝트와 관련된 법규를 조사할 수 있다. 2. 프로젝트 관련 인허가 담당부서·유관기관을 파악할 수 있다. 3. 관련 법규를 근거로 인허가 절차, 기간, 협의 조건을 분석할 수 있다.
		3. 관련자료 분석하기	1. 발주자 요구사항을 근거로 프로젝트의 취지, 목적, 성격, 기능, 용도, 업무범위를 분석할 수 있다. 2. 기초조사를 통해 실제 사용자를 위한 결과물의 내용, 소요업무, 소요기간, 업무 세부내용의 요구수준을 분석할 수 있다. 3. 사용자 경험과 행동에 영향을 미치는 요소를 파악하여 공간 개발 전략으로 적용할 수 있다. 4. 수집된 정보를 기반으로 기본 방향을 도출할 수 있다.
	2. 실내디자인 마감계획	1. 마감재 조사· 분석	1. 실내디자인 공간계획을 토대로 각 공간에 적용할 마감재를 조사할 수 있다. 2. 실내공간의 용도에 맞는 사용자의 특성, 시공성, 경제성, 안정성을 고려한 마감재를 조사할 수 있다. 3. 설계 개념에 따른 공간별 마감재 목록을 작성할 수 있다.

실 기 과목명	주요항목	세부항목	세세항목
실내디자인 실무	2. 실내디자인 마감계획	2. 마감재 적용 검토	1. 공간 계획에 따라 조사 분석된 마감재를 적용, 검토할 수 있다. 2. 용도, 특성에 따른 마감재 적용을 검토할 수 있다. 3. 마감재의 법적, 안전성에 따른 기준 검토를 할 수 있다. 4. 가공에 따른 시공의 실행방안을 검토할 수 있다.
		3. 마감계획	1. 디자인 개념에 적용한 마감계획을 구체화할 수 있다. 2. 법적, 안전 기준에 따른 세밀한 마감계획 리스트를 작성할 수 있다. 3. 시공이 가능한 구체적인 마감적용 설계도면을 작성할 수 있다. 4. 특성을 고려한 마감재 보드를 작성할 수 있다.
	3. 실내디자인 색채계획	1. 색채 구상	1. 실내디자인 공간계획을 토대로 각 공간에 적용할 색채를 조사할 수 있다. 2. 실내공간의 용도와 연출에 맞는 사용자의 특성, 시공성, 경제성, 안정성을 고려한 색채를 조사할 수 있다. 3. 설계 개념에 따른 공간별 적용할 색채를 조사할 수 있다.
		2. 색채 적용 검토	1. 조사 분석된 색채계획을 적용 검토할 수 있다. 2. 실내공간의 용도와 사용자의 요구와 특성을 고려한 색채계획의 이미지를 도출하여 검토할 수 있다. 3. 도출된 배색 이미지를 색채계획으로 구체화하여 검토할 수 있다. 4. 시공상의 안전 및 법적 기준에 적합한 색채 적용을 검토할 수 있다.
		3. 색채 계획	1. 공간계획에 따라 조사 분석된 색채를 적용, 계획할 수 있다. 2. 용도, 특성에 따른 색채 적용을 계획할 수 있다. 3. 색채 개념을 구현할 수 있는 계획을 할 수 있다. 4. 선정된 색채 이미지와 구체화를 위한 구성 계획을 할 수 있다.
	4. 실내디자인 가구계획	1. 가구 자료 조사	1. 실내디자인 공간계획을 토대로 공간에 적용할 가구를 조사할 수 있다. 2. 실내공간의 용도와 사용자의 행태적, 심리적 특성, 시공성, 경제성 등을 고려한 가구를 조사할 수 있다. 3. 실내공간에 배치할 가구의 안전기준을 조사할 수 있다. 4. 실내디자인 프로젝트에 적용할 가구의 조사 결과를 정리할 수 있다.
		2. 가구 적용 검토	1. 조사·분석된 가구를 실내 공간계획에 적용 검토할 수 있다. 2. 실내공간의 용도와 사용자의 행태적, 심리적 특성, 시공성 등을 고려한 가구 적용을 검토할 수 있다. 3. 안전기준에 적합한 가구 적용을 검토할 수 있다.
		3. 가구 계획	1. 실내 공간계획 내용을 토대로 주거, 업무, 상업시설 등 공간별 통합적이고 구체적인 가구계획을 할 수 있다. 2. 주거, 업무, 상업시설 등 공간별 가구 계획에 따른 내용을 도면으로 작성할 수 있다. 3. 실내공간의 용도와 사용자의 행태적, 심리적 특성, 시공성 등을 고려한 가구 계획을 할 수 있다. 4. 안전기준을 검토하고 적용할 수 있다.
	5. 실내디자인 조명계획	1. 실내조명 자료 조사	1. 실내디자인 공간계획을 토대로 공간에 적용할 조명 방법 및 기구를 조사할 수 있다. 2. 실내공간의 용도와 사용자의 행태적, 심리적 특성, 시공성, 경제성 등을 고려한 조명 방법 및 기구를 조사할 수 있다. 3. 조명의 전기 안전기준을 조사할 수 있다. 4. 프로젝트에 적용할 조명의 조사결과를 정리할 수 있다.
		2. 실내조명 적용 검토	1. 조사된 조명을 공간계획에 적용 검토할 수 있다. 2. 실내공간의 용도와 사용자의 행태적, 심리적 특성, 시공성 등을 고려한 조명 적용을 검토할 수 있다. 3. 전기 안전기준에 적합한 조명 적용을 검토할 수 있다.

출제기준

실 기 과목명	주요항목	세부항목	세세항목
실내디자인 실무	5. 실내디자인 조명계획	3. 실내조명 계획	1. 실내디자인 공간계획 내용을 토대로 주거, 업무, 상업, 문화, 의료, 교육, 전시, 종교시설 등 공간별 통합적이고 구체적인 조명계획을 할 수 있다. 2. 주거, 업무, 상업, 문화, 의료, 교육, 전시, 종교시설 등 공간별 조명 계획에 따른 내용을 도면으로 작성할 수 있다. 3. 실내공간의 용도와 사용자의 행태적, 심리적 특성, 시공성 등을 고려한 조명계획을 할 수 있다. 4. 안전기준을 검토하고 적용할 수 있다.
	6. 실내디자인 설비계획	1. 설비 조사·분석	1. 실내디자인 공간계획을 토대로 공간에 적용할 전기, 기계, 소방설비 관련 자료를 조사 및 분석할 수 있다. 2. 실내공간의 용도와 사용자의 행태적, 심리적 특성, 시공성, 경제성 등을 고려한 전기, 기계, 소방설비를 조사 및 분석할 수 있다. 3. 전기, 기계, 소방설비의 안전기준을 조사 및 분석할 수 있다.
		2. 설비 적용 검토	1. 실내공간의 용도와 사용자의 행태적, 심리적 특성과 시공성 등을 고려한 설비를 검토할 수 있다. 2. 전기, 기계, 소방설비 안전기준에 적합한 설비 적용을 검토할 수 있다. 3. 공간계획 내용을 토대로 주거, 업무, 상업 시설 등에 적합한 전기, 기계, 소방설비를 검토할 수 있다. 4. 공간별 요구되는 전기, 기계, 소방설비 계획에 따른 내용을 도면으로 작성할 수 있다.
		3. 설비 계획	1. 공간계획 내용을 토대로 주거, 업무, 상업 시설 등 공간별 통합적이고 구체적인 설비계획을 할 수 있다. 2. 주거, 업무, 상업 시설 등 공간별 설비 계획에 따른 내용을 도면으로 작성할 수 있다. 3. 실내공간의 용도, 사용자의 특성, 시공성 등을 고려한 설비 계획을 할 수 있다. 4. 검토한 안전기준을 적용할 수 있다.
	7. 실내디자인 기본 계획	1. 공간 기본구상	1. 공간 프로그램을 바탕으로 주거공간, 업무공간, 상업공간 등의 특징을 파악할 수 있다. 2. 설정된 공간 콘셉트를 바탕으로 동선, 조닝 등 기본적 공간 구상을 할 수 있다. 3. 설정된 공간에 대한 마감재 및 색채, 조명, 가구, 장비계획 등 통합적 공간 기본구상을 할 수 있다.
		2. 공간 기본 계획	1. 공간 기본 구상을 바탕으로 주거공간, 업무공간, 상업공간 등 구체적인 실내 공간을 계획할 수 있다. 2. 실내 공간계획을 바탕으로 주거공간, 업무공간, 상업공간 등 공간별 마감재 및 색채 계획을 할 수 있다. 3. 실내 공간계획을 바탕으로 주거공간, 업무공간, 상업공간 등 공간별 조명, 가구, 장비계획을 할 수 있다. 4. 주거공간, 업무공간, 상업공간 등 공간별 등 공간별 계획에 따른 기본 설계 도면을 작성할 수 있다.
		3. 기본 설계도면 작성	1. 공간별 기본계획을 바탕으로 평면도, 입면도, 천정도 등 기본 도면을 작성할 수 있다. 2. 공간별 기본계획을 바탕으로 마감재 및 색채 계획 설계도서를 작성할 수 있다. 3. 각 도면을 제작한 후 설계도면집을 작성할 수 있다.

실 기 과목명	주요항목	세부항목	세세항목
실내디자인 실무	8. 실내건축설계 시각화 작업	1. 2D표현	1. 설계목표와 의도를 이해할 수 있다. 2. 설계단계별 도면을 이해할 수 있다. 3. 계획안을 2D로 표현할 수 있다.
		2. 3D표현	1. 설계목표와 의도를 이해할 수 있다. 2. 설계단계별 도면을 이해할 수 있다. 3. 도면을 바탕으로 3D 작업을 할 수 있다. 4. 3D 프로그램을 활용하여 동영상으로 표현할 수 있다.
		3. 모형제작	1. 계획안을 바탕으로 모형을 제작할 수 있다. 2. 마감재료 특성을 모형에 반영할 수 있다. 3. 모형재료의 특성을 파악하여 적용할 수 있다. 4. 모형제작을 위한 공구를 활용할 수 있다.

문항분석

과목명	단원명	2000이전	2001	2002	2003	2004	2005	2006	2007	2008	2009	2010	2011	2012	2013	2014	2015	2016	2017	2018	2019	2020	2021	총계	단원별비율	총비율
시공	가설공사	17	1	1		1	1				1		2	2	3		3		2					34	4.49	3.41
	조적공사	21	1	3	1	3	3	5	2	5	5	5	3	9	4	6	8	7	4	4	9	3	4	115	15.17	11.55
	목공사	43	7	3	2	3	8	4	7	4	7	3	4	5	3	9	4	4	6	9	5	4	12	156	20.58	15.66
	창호 및 유리공사	24	2	3	1	2	3	4	4	2	3	3	3	3	3	2	2	4	2	2	3	3	4	82	10.82	8.23
	미장공사	21	3	2	1	5	4	3	3	4	2	4	3	2	2	1	1	1	3	2	1	2	1	71	9.37	7.13
	타일공사	15	1			4	1	2	1	2	1	2		2	1	2	3	2		5	1	1	4	50	6.60	5.02
	금속공사	13	1			1	3		1	2	3	1	1		2		2	2	2	1	1	1	6	43	5.67	4.32
	합성수지공사	8		1	1			2	2	1	2	2	1	1	2	3	1	2	3	2	3	1	2	40	5.28	4.03
	도장공사	30	3	5		4	1	4	5	4	2	3	2		3	4	2	2	3	1	3	3		84	11.08	8.43
	내장 및 기타공사	19	5	6	2	3	4	3	3	4	1	5	3	3	2		3	3	2	4	2	4	2	83	10.95	8.33
	소계	211	24	24	8	26	28	27	28	28	27	28	22	27	25	27	29	27	27	30	28	22	35	758	100	76.11
적산	총론	6			1		1	2	2		2	3		2	1		1	2	1	2	1	1	1	28	21.21	2.81
	가설공사	8	1	1		1			1	1	1	1	1	1	1					2				20	15.15	2.01
	조적공사	12	1	2	1	1	1	2	2	1	2	1	2		4	3	1	2	2		3	3		47	35.61	4.72
	목공사	4	1		1				1				2	1	1		1	2	1		3	1	1	20	15.15	2.01
	미장 및 타일공사	3				1	1						1		1				1					8	6.06	0.80
	기타공사					1			1		1	1	1			1	2						1	9	6.82	0.90
	소계	33	3	3	2	4	3	3	5	5	3	5	10	3	9	5	3	8	5	4	5	7	4	132	100	13.25
공정관리	총론	21	1	3	1	3	3		3	2	3	2	2	2	1	3	2	2	1	2	2	4	3	66	68.75	6.63
	공정표작성	5	1					2		1			2	2	2	2	1	1	2		1		1	23	23.96	2.31
	공기단축								1				1				1	1	1			2		7	7.29	0.70
	소계	26	2	3	1	3	3	2	4	3	3	2	5	4	3	5	4	4	4	2	3	6	4	96	100	9.64
품질관리	공사품질관리	5		1				1																7	70.00	0.70
	재료품질관리							1						1					1					3	30.00	0.30
	소계	5	0	1	0	0	0	2	0	0	0	0	0	1	0	0	0	0	1	0	0	0	0	10	100	1.0
	총계	275	29	31	11	33	34	34	37	36	33	35	38	34	37	37	37	39	36	36	36	35	43	996		100

진도계획표

차시	단원		예정	실시
1차시	시공	가설공사		
2차시		조적공사		
3차시				
4차시				
5차시		목공사		
6차시				
7차시				
8차시		창호 및 유리공사		
9차시				
10차시				
11차시		미장공사		
12차시				
13차시				
14차시		타일공사		
15차시		금속공사		
16차시		합성수지공사		
17차시				
18차시		도장공사		
19차시				
20차시		내장 및 기타공사		
21차시				
22차시	적산	총론		
23차시		가설공사		
24차시		조적공사		
25차시		목공사		
26차시		타일공사 기타공사		
27차시	공정 및 품질관리	총론		
28차시		공정표 작성		
29차시				
30차시		공기 단축		
31차시				
32차시		품질관리		

Contents

부록 최근 기출문제

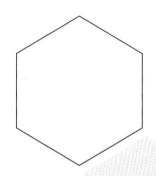

핵심
요점 정리

핵심만 모은
실내건축산업기사
실기시공실무

건축가의 임무는 외관을 스케치하는 것이 아니라,
공간을 창조하는 것이다.
- Hendrik Petrus Berlage -

핵심 요점 정리

CHAPTER 01 가설공사

13, 11, 02, 95, 92

001 강관틀비계의 중요 부품과 부속 철물

강관틀비계의 중요 부품은 수평틀(수평연결대), 수직틀(단위틀), 교차 가새 등이 있고, 부속 철물의 종류에는 베이스(밑받침), 커플링(틀비계의 연결철물), 이음철물 등이 있다. 또한, (보충필요)

14, 97

002 단관 파이프의 설치 순서

소요 자재의 현장 반입 → 바닥 고르기 → 베이스 플레이트 설치 → 비계기둥의 설치 → 띠장의 설치 → 장선의 설치의 순이다.

15, 09, 98, 95, 94

003 달비계, 커플링의 서술

① 달비계 : 달비계는 높은 곳에서 실시되는 철골의 접합 작업, 철근의 조립, 도장 및 미장 작업 등에 사용되는 비계로서 와이어로프를 매단 권양기에 의해 상하로 이동하는 비계이다.
② 커플링 : 단관 파이프 비계 설치 시 비계기둥, 띠장, 가새 등을 연결할 때 사용하는 강관 비계의 부속 철물(강관 비계의 연결철물)이다.

01, 00, 98, 97, 95, 94

004 통나무 비계

① 통나무 비계의 명칭

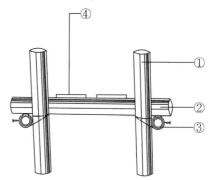

② 비계의 재료에 따른 분류 중 통나무 비계의 가새는 45°방향으로 설치하고, 간격은 수평 거리 14m 내외, 벽체와의 연결 간격은 수평 7.5m, 수직 5.5m 이내로 한다.
③ 비계용 통나무는 길이 7,200mm, 끝마구리 지름은 3.5cm 정도로 썩음, 갈램 및 굽지 않은 낙엽송, 삼나무 등을 사용하며, 결속선은 아연도금 철선 #8~10을 사용한다.

13

005 비계의 종류와 용도

비계의 종류	비계의 용도
외줄비계	설치가 비교적 간단하고, 외부 공사에 사용
쌍줄비계	고층 건물의 외벽에 중량의 마감 공사에 사용
틀비계	45m 이하의 높이로 현장 조립이 용이

달비계	외벽의 청소 및 마감 공사에 많이 이용
말비계 (발돋음)	이동이 용이하며, 높지 않은 간단한 내부 공사에 사용
수평비계	내부 천장 공사에 많이 사용

(17)

006 비계의 용도

① 본 공사의 원활한 작업과 작업의 용이
② 각종 재료의 운반
③ 작업자의 작업 통로

(11, 99, 97, 92)

007 건축 공사용 비계의 종류

비계의 종류	비계의 용도
외줄비계	설치가 비교적 간단하고, 외부 공사에 사용
쌍줄비계	고층 건물의 외벽에 중량의 마감 공사에 사용
틀비계	45m이하의 높이로 현장 조립이 용이
달비계	외벽의 청소 및 마감 공사에 많이 이용
말비계 (발돋음)	이동이 용이하며, 높지 않은 간단한 내부 공사에 사용

(14, 12)

008 비계의 서술

① 달비계 : 건물 구조체가 완성된 다음에 외부 수리 등에 쓰이며, 구체에서 형강재를 내밀어 로프로 작업대를 고정한 비계이다.
② 겹비계 : 도장 공사, 기타 간단한 작업을 할 때 건물 외부에 한 줄 기둥을 세우고 멍에를 기둥 안팎에 매어 발판 없이 발 디딤을 할 수 있는 비계이다.
③ 강관틀비계 : 철관을 미리 사다리 또는 우물 정자 모양으로 만들어 현장에서 짜 맞추는 비계이다.

(17, 10, 05)

009 외부 비계의 종류

① 외줄비계 : 조적조 건축의 벽쌓기에 있어서 건물의 외벽면으로부터 90~150cm 거리에 한 줄로 비계기둥을 세우고 장선의 한 끝은 쌓아 올라가는 벽체에 걸치며 다른 끝은 비계기둥을 연결하는 띠장에 걸쳐 매고 발판을 까는 비계이다.
② 쌍줄비계 : 안팎에 두 줄로 비계기둥을 세우고 띠장과 장선을 걸고 발판을 까는 비계로서, 건물과의 거리가 30cm 이상이면 보호망이 필요하나 가까이 할 경우 거푸집의 조립과 해체에 지장을 주게 된다.
③ 겹비계 : 도장 공사, 기타 간단한 작업을 할 때 건물 외부에 한 줄 기둥을 세우고 멍에를 기둥 안팎에 매어 발판 없이 발디딤을 할 수 있는 비계이다.

(04)

010 파이프 비계의 부속 철물

① 파이프 비계의 부속 철물
  ㉮ 연결철물(마찰형, 전단형, 조임형 등),
  ㉯ 결속철물(직교형, 자재형 등),
  ㉰ 받침철물
② 강관틀비계의 부속 철물
  ㉮ 연결철물
  ㉯ 받침철물(고정형, 조절형, 이동형 등)
  ㉰ 벽고정 철물

(15)

011 비계의 일반 사항

① 가설공사 중에서 강관 비계기둥의 간격은 띠장 방향으로 1.5~1.8m이고, 간사이 방향으로 0.9~1.5m이다.
② 가새의 수평 간격은 14m 내외로 하고, 각도는 45°로 걸쳐대고 비계기둥에 결속한다.

③ 띠장의 간격은 1.5m 내외로 하고, 지상 제1띠장은 지상에서 2m이하의 위치에 설치한다.

08

012 시멘트 창고의 일반 사항

① 시멘트 저장 시 창고는 방습적이어야 하고, 바닥에서 30cm 이상 떨어져 쌓아야 한다.
② 단 시일 사용분 이외의 것은 13포대 이상을 쌓아서는 안 된다.

CHAPTER 02 조적 공사

16, 12, 11, 06, 05, 02, 98, 96, 94

001 백화현상의 정의, 원인 및 방지 대책

(가) 정의

백화(시멘트·벽돌·타일 및 석재 등에 하얀 가루가 나타나는 현상)현상은 시멘트 중의 수산화칼슘이 공기 중의 탄산가스와 반응하여 생기는 현상이다.

(나) 백화 현상의 원인

① 1차 백화 : 줄눈 모르타르의 시멘트 산화칼슘이 물과 공기 중의 이산화탄소와 결합하여 발생하는 백화로서 물청소와 빗물 등에 의해 쉽게 제거된다.
② 2차 백화 : 조적 중 또는 조적 완료 후 조적재에 외부로부터 스며 든 수분에 의해 모르타르의 산화칼슘과 벽돌의 유황분이 화학 반응을 일으켜 나타나는 현상이다.

(다) 백화 현상의 방지 대책

① 양질의 벽돌을 사용하고, 모르타르를 충분히 채우며, 빗물이 스며들지 않게 한다.
② 파라핀 도료를 발라 염류가 나오는 것을 방지한다.
③ 차양이나 루버 등으로 빗물을 차단한다.

15, 14, 13, 10, 06, 05, 04, 02, 92

002 공간 쌓기의 효과

공간 쌓기는 중공벽과 같은 벽체로서 단열, 방음, 방습 등의 목적으로 효과가 우수하도록 벽체의 중간에 공간을 두어 이중벽으로 쌓은 벽체이다.

16, 15, 14, 12, 11, 98, 94

003 벽돌 쌓기의 종류

① 영국식 쌓기 : 서로 다른 아래·위 켜(입면상으로 한 켜는 마구리쌓기, 다음 한 켜는 길이쌓기로 번갈아)로 쌓고, 통줄눈이 생기지 않으며 내력벽을 만들 때에 많이 이용되는 벽돌쌓기법이다. 특히, 모서리 부분에 반절, 이오토막 벽돌을 사용하며 통줄눈이 생기지 않게 하려면 빈절을 사용하여야 한다. 가장 튼튼한 쌓기 방법이다.
② 네덜란드(화란)식 쌓기 : 한 면의 모서리 또는 끝에 칠오토막을 써서 길이쌓기의 켜를 한 다음에 마구리쌓기를 하여 마무리하고, 다른 면은 영국식 쌓기로 하는 방식으로, 영식 쌓기 못지않게 튼튼하다.
③ 플레밍식 쌓기 : 입면상으로 매 켜에서 길이쌓기와 마구리쌓기가 번갈아 나오도록 되어 있는 방식이다.
④ 미국식 쌓기 : 표면에는 치장벽돌로 5켜 정도는 길이쌓기로, 뒷면은 영국식 쌓기로 하고, 다음 한 켜는 마구리쌓기 하여 뒷 벽돌에 물려서 쌓는 방법이다.
⑤ 엇모 쌓기 : 45° 각도로 모서리가 면에 나오도록 쌓고, 담이나 처마 부분에 사용하고, 벽면에 변화감을 주며, 음영 효과를 낼 수 있다.
⑥ 영롱 쌓기 : 벽돌면에 구멍을 내어 쌓고, 장막벽이며, 장식적인 효과가 있다.

17, 97, 95

004 벽돌 쌓기 시 주의 사항

① 벽돌을 쌓기 전에 충분히 물을 축여놓고 모르타르가 잘 붙어 굳는 데 지장이 없도록 하여야 한다.

단, 시멘트 벽돌은 미리 축여 놓으면 손이 상할 수 있으므로 축여 놓은 후 말려서 사용한다.

② 하루 벽돌의 쌓는 높이는 1.5m(20켜) 이하 보통 1.2m(17켜)정도로 하고, 모르타르가 굳기 전에 큰 압력이 가해지지 않도록 하여야 한다.

③ 하루 일이 끝날 때에 켜가 차이가 나면 층단 들여쌓기로 하여 다음 날의 일과 연결이 가능하도록 한다.

④ 모르타르는 정확한 배합으로 시멘트와 모래만 잘 섞고, 쓸 때마다 물을 부어 잘 반죽하여 쓰도록 하며 굳기 시작한 모르타르는 사용하지 않아야 한다.

⑤ 규준틀에 의해 가로 벽돌 나누기를 정확히 하되, 토막 벽돌이 나오지 않도록 하고, 고정 철물을 미리 묻어둔다.

`13, 12, 06, 97`

005 벽돌 벽 균열의 설계(계획)·시공 상의 결함

㉮ 설계(계획) 상 결함
① 기초의 부동 침하
② 건물의 평면·입면의 불균형 및 벽의 불합리 배치
③ 불균형 또는 큰 집중하중·횡력 및 충격
④ 벽돌 벽의 길이·높이·두께와 벽돌 벽체의 강도
⑤ 문꼴 크기의 불합리·불균형 배치

㉯ 시공 상 결함
① 벽돌 및 모르타르의 강도 부족과 신축성
② 벽돌 벽의 부분적 시공 결함
③ 이질재와의 접합부
④ 장막벽의 상부
⑤ 모르타르 바름의 들뜨기

`95`

006 벽돌 벽 홈파기

가로 홈의 깊이는 벽 두께의 1/3 이하로 하며, 가로 홈의 길이는 3m 이하로 한다. 세로 홈의 길이는 층 높이의 3/4 이하로 하며, 깊이는 벽 두께의 1/3 이하로 한다.

`14`

007 벽돌의 마름질

① 벽돌의 마름질에서 토막은 길이 방향과 직각 방향으로 자른 것이고, 절은 길이 방향과 평행 방향으로 자른 것이다.

② 이오토막 벽돌의 크기는 재래형인 경우에는 $(210mm \times 1/4) \times 100mm \times 60mm$, 따라서 $52.5mm \times 100mm \times 60mm$이고, 신형(표준형, 블록 혼용)인 경우에는 $(190mm \times 1/4) \times 90mm \times 57mm$, 따라서 $47.5mm \times 90mm \times 57mm$이다.

③ 반 토막 벽돌의 크기는 길이의 반이므로 신형(표준형, 블록 혼용)인 경우에는 $(190mm \times 1/2) \times 90mm \times 57mm$는 $95mm \times 90mm \times 57mm$이고, 재래형의 경우에는 $(210mm \times 1/2) \times 100mm \times 60mm$는 $105mm \times 100mm \times 60mm$이다.

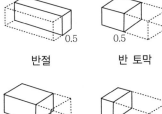

반절   반 토막

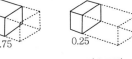

칠오토막   이오토막

008 벽돌벽 두께의 산정식

① 표준(장려)형: $90+[\{(n-0.5)/0.5\}\times100]$
② 재래형: $100\times[\{(n-0.5)/0.5\}\times110]$
③ 공간쌓기는 공간의 두께를 포함시켜야 한다.

009 벽돌의 바닥 깔기 방법

① 평(면)깔기,
② 옆 세워(마구리)깔기,
③ 반절(모서리)깔기

010 벽돌의 평균 압축강도(σ)

벽돌의 평균 압축강도$(\sigma)=\dfrac{\sigma_1+\sigma_2+\sigma_3}{3}$ 이다.

여기서, σ_1 : 1회시 압축강도

σ_2 : 2회시 압축강도

σ_3 : 3회시 압축강도,

011 줄눈의 명칭 및 형태

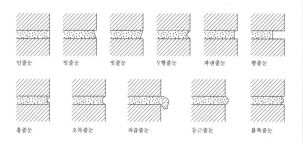

민줄눈   빗줄눈   빗줄눈   V형줄눈   파낸줄눈   평줄눈

홈줄눈   오목줄눈   파줍줄눈   둥근줄눈   볼록줄눈

012 아치의 일반적인 성질

벽돌의 아치쌓기는 상부에서 오는 하중을 아치의 축선에 따라 **압축력**으로 작용하도록 하고, 아치 하부에 인장력이 작용하지 않도록 하는데, 이때 아치의 모든 줄눈은 원호 중심으로 모이도록 한다.

09

013 아치의 형태와 의장 효과

① 결원아치 : 변화감을 조성
② 평아치 : 이질적인 분위기 조성
③ 반원아치 : 자유스러우며 우아한 느낌
④ 첨두아치 : 경쾌한 반면에 엄숙한 분위기 연출

014 아치의 쌓기의 종류

① 본아치 : 벽돌을 주문하여 제작한 것을 사용하여 쌓은 아치
② 막만든아치 : 보통 벽돌을 쐐기 모양으로 다듬어 쓴 아치
③ 거친아치 : 현장에서 보통 벽돌을 쓰고, 줄눈을 쐐기 모양으로 한 아치
④ 층두리아치 : 아치 나비가 넓을 때에는 반장별로 층을 지어 겹쳐 쌓은 아치

015 블록구조의 종류 `10`

① 조적식 블록조 : 블록을 단순히 모르타르를 사용하여 쌓아 올린 것으로 상부에서 오는 힘을 직접 받아 기초에 전달하며, 1, 2층 정도의 소규모 건축물에 적합하다.

② 블록 장막벽 : 주체 구조체(철근 콘크리트조나 철골 구조 등)에 블록을 쌓아 벽을 만들거나 단순히 칸을 막는 정도로 쌓아 상부에서의 힘을 직접 받지 않는 벽으로 라멘 구조체의 벽에 많이 사용한다.

③ 보강 블록조 : 블록의 빈속에 철근과 콘크리트를 부어 넣은 것으로서, 수직 하중·수평 하중에 견딜 수 있는 구조로 가장 이상적인 블록 구조이며 4~5층의 대형 건물에도 이용한다.

④ 거푸집 블록조 : ㄱ자형, ㄷ자형, T자형, ㅁ자형 등으로 살 두께가 얇고 속이 없는 블록을 콘크리트의 거푸집으로 사용하고, 블록 안에 철근을 배근하여 콘크리트를 부어 넣어 벽체를 만든 것이다.

016 블록의 명칭 `09`

① 이형블록 : 용도에 의해 블록의 형상이 기본 블록과 다르게 만들어진 블록이다.

② 인방블록 : 창문틀 위에 쌓아 철근과 콘크리트를 다져 넣어 보강하게 된 U자형의 블록이다.

③ 중량블록 : 기건 비중이 1.9 이상인 속빈 콘크리트 블록이다.

④ 창쌤블록 : 창문틀 옆에 잘 맞게 제작된 특수형 블록이다.

017 블록의 사용 위치 `12, 08, 04`

① 창대블록 : 창틀 아래
② 인방블록 : 창틀 위
③ 창쌤블록 : 창틀 옆

018 블록 공사의 일반 사항 `99, 98, 97, 94`

① 블록 쌓기의 줄눈 두께는 10mm이다.

② 블록의 1일 쌓기 높이는 1.5m, 7켜, 두꺼운 쪽의 살이 위로 가게 하며, 쌓기용 모르타르 배합비는 1 : 3이다.

③ 현재 사용하고 있는 기본형 블록의 규격은 길이 390mm, 높이 190mm이다. 블록의 소요량은 줄눈 간격은 10mm로 할 때 정미량은 1m²당 12.5매이며, 할증률을 포함할 경우 13매이다.

019 내력벽, 장막벽 및 중공벽의 서술 `12, 10, 01, 96`

① 내력벽 : 수직하중(위층의 벽, 지붕, 바닥 등)과 수평하중(풍압력, 지진 하중 등) 및 적재하중(건축물에 존재하는 물건 등)을 받는 중요한 벽체이다.

② 장막벽(커튼월, 칸막이벽) : 내력벽으로 하면 벽의 두께가 두꺼워지고 평면 모양 변경 시 불편하므로 이를 편리하도록 하기 위하여 상부의 하중(수직, 수평 및 적재 하중 등)을 받지 않고 벽체 자체의 하중만을 받는 벽체이다.

③ 중공벽 : 공간 쌓기와 같은 벽체로서 단열, 방음, 방습 등의 효과가 우수하도록 벽체의 중간에 공간을 두어 이중벽으로 쌓은 벽체이다.

020 조적조 벽체의 종류 `08`

건물의 상부 하중을 받아 기초에 전달하는 벽을 내력벽, 자체의 하중만을 받는 벽을 장막벽(칸막이벽), 공간을 띄우고 방음, 방습, 단열을 위해 이중으로 설치하는 벽을 중공(이중)벽이라 한다.

05, 02

021 보강 블록조에서 반드시 사춤 모르타르를 채워야 하는 위치

① 벽체의 끝부분
② 벽의 모서리
③ 벽의 교차부
④ 개구부의 주위(문꼴의 갓둘레)

15

022 석재의 장점

① 압축강도가 크고, 불연, 내구, 내마멸, 내수성이 있다.
② 아름다운 외관과 풍부한 양이 생산된다.

14, 09, 07, 06

023 각종 석재의 특성

① 대리석 : 석회석이 변화되어 결정화한 것으로, 강도는 매우 높지만 산이나 열(내화성)에 약해서 실외의 용도로는 사용하지 못하고 주로 실내 장식용으로 많이 사용하는 석재이다.
② 응회암 : 화산에서 분출된 마그마가 급속히 냉각되어 가스가 방출되면서 응고된 다공질의 유리질로서 부석이라고도 하며, 가공은 용이하나 강도가 작다. 경량 콘크리트 골재, 단열재로 사용한다.
③ 점판암 : 진흙이 침전하여 압력을 받아 경화된 것으로 재질이 치밀하고, 박판으로 채취할 수 있으며, 지붕재, 외벽재 등에 쓰인다.
④ 안산암 : 내구성 및 강도가 강하고, 대재를 얻기 힘든 석재이다.

16

024 석재의 분류

구분	화성암		퇴적(수성)암					변성암	
	심성암	화산암	쇄설성			유기적	화학적	수성암	화성암
종류	화강암, 섬록암 반려암, 현무암	안산암 (휘석, 각섬, 운모, 석영 등)	이판 암점판 암	사암 역암	응회암 (사질, 각력질)	석회암 처트	석고	대리석	사문암

* 석면은 사문암이나 각섬암이 열과 압력을 받아 변질되어 섬유상으로 된 변성암이다.

15, 12, 08

025 대리석 갈기의 종류

① 거친 갈기 : #180 카버런덤 숫돌로 간다.
② 물갈기 : #220 카버런덤 숫돌로 간다.
③ 본갈기 : 고운 숫돌, 숫가루를 사용, 원반에 걸어 마무리한다.

10, 08

026 대리석 공사의 보양과 청소

① 설치 완료 후 마른 걸레로 청소한다.
② 산류는 사용하지 않는다.
③ 공사 완료 후 인도 직전에 모든 면에 걸쳐서 마른 걸레로 닦는다.

09, 01, 94

027 석재의 가공 순서와 공구

① 혹두기(쇠메) → ② 정다듬(정) → ③ 도드락 다듬(도드락 망치) → ④ 잔다듬(양날 망치) → ⑤ 물갈기(숫돌, 기타) 순이다. 또는 Gang Saw 절단 → 표면 처리 → 자르기 → 마무리 → 운반의 순이다.

028 석재의 가공 후 검사 항목(보충필요)

① 직각 바르기(모서리와 측면 등)검사
② 전면의 평활도 검사
③ 다듬기 면의 상태 검사
④ 마무리 치수의 정확도 검사

029 세로 규준틀의 기입 사항

조적조(벽돌, 블록, 돌 등)의 고저 및 수직면의 규준으로 설치하는 가설재로서 기입 사항은 다음과 같다.
① 조적재의 줄눈 표시와 켜의 수
② 창문 및 문틀의 위치와 크기
③ 앵커 볼트 및 나무 벽돌의 위치
④ 벽체의 중심 간의 치수와 콘크리트의 사춤 개소

030 줄눈의 설치 및 사용 목적

① 균열의 분산 및 방지
② 치장적인(외부의 미려함) 효과

031 테두리보의 설치 목적

① 횡력에 대한 벽면의 직각 방향의 이동으로 인해 발생하는 수직 균열을 방지하기 위하여 강력한 테두리 보를 설치한다.
② 세로 철근의 끝을 정착할 필요가 있다.
③ 분산된 벽체를 일체로 연결하여 하중을 균등히 분산시킨다.
④ 집중하중을 받는 조적재를 보강한다.

032 돌쌓기 종류

① 바른층쌓기 : 돌쌓기의 1켜는 모두 동일한 것을 쓰고, 수평줄눈이 일직선으로 연결되게 쌓은 것

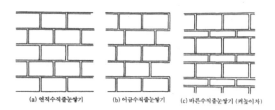

(a) 연직수직줄눈쌓기　(b) 어긋수직줄눈쌓기　(c) 바른수직줄눈쌓기 (켜높이차)

② 허튼층쌓기 : 면이 네모진 돌을 수평줄눈이 부분적으로만 연속되게 쌓으며, 일부 상하, 세로줄눈이 통하게 한 것

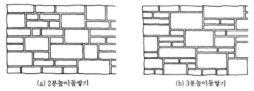

(a) 2분높이돌쌓기　　　　　(b) 3분높이돌쌓기

③ 층지어쌓기 : 막돌, 둥근 돌 등을 중간 켜에서는 돌의 모양대로 수직, 수평줄눈에 관계없이 흩트려 쌓고, 2~3켜 마다 수평줄눈이 일직선으로 연속되게 쌓는 것

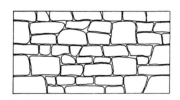

④ 막쌓기 : 돌의 생김새대로 세로 가로줄눈에 전혀 관계없이 쌓는 것
⑤ 마름모쌓기 : 정방형에 가까운 45°각도로 빗놓아 쌓은 것
⑥ 장식쌓기
　㉮ 통줄눈쌓기 : 일정한 규격의 석재를 수직, 수평줄눈이 일직선으로 이어지게 쌓는 것으로 붙임돌에 많이 사용됨
　㉯ 바자무늬쌓기 : 장방형의 돌2~3개를 가로, 세로 교대로 놓아 쌓는 것

㉲ 오늬무늬쌓기 : 장방형의 돌을 엇빗쌓기 한 것

㉴ 귀갑무늬쌓기 : 석재를 대강 6각형이 되게 다듬
어 쌓는 것

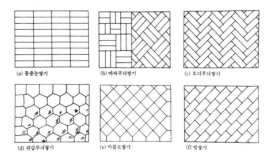

(a) 불출눈쌓기 (b) 바자무늬쌓기 (c) 오늬무늬쌓기

(d) 귀갑무늬쌓기 (e) 마름모쌓기 (f) 빗쌓기

CHAPTER 03 목 공사

(93)

001 수장 공사의 목재 요구 사항

① 목재를 충분히 건조시켜 변형을 방지할 수 있을 것
② 목재의 흠이 없고, 무늬의 아름다움을 가질 것
③ 목재의 건조 수축에 의한 변형이 없어야 한다.
④ 목재의 함수율이 낮아야 한다.

(13, 11, 02, 00, 97, 95, 93)

002 목재의 모접기

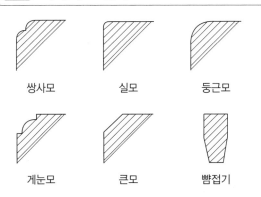

쌍사모   실모   둥근모

계눈모   큰모   뺨접기

(11, 06, 00, 98, 95, 94, 92)

003 목재의 함수율

① 목재의 함수율은 수장재인 경우 15%, 구조재는
20%가 알맞다.
② 목재의 함수율 산정

$$목재의 함수율(\%) = \frac{함수량}{절건중량} \times 100(\%)$$

$$= \frac{W_1 - W_2}{W_2} \times 100(\%) 이다.$$

여기서, W_1 : 함수율을 구하고자 하는 목재편의 중량

W_2 : 100~105℃의 온도에서 일정량이 될 때
까지 건조시켰을 때의 절건 중량

(13, 11)

004 목재의 널결, 무늿결 및 엇결의 서술

① 널결 : 나이테에 접선방향으로 켠 목재 면에 나
타난 곡선형의 나뭇결로서 변형되기 쉬우며, 외
관을 중요시하는 장식재로 사용된다.
② 곧은결 : 나이테에 직각방향으로 켠 목재 면에
나타난 평행상의 나뭇결로서, 수축변형이 적고
마모율도 적어 구조재로 쓰인다.
③ 엇결 : 나무 섬유 세포가 꼬여 나뭇결이 어긋나
게 나타나는 경우의 목재이다.

(99, 96, 95)

005 목재의 연륜 밀도

$$연륜 밀도 == \frac{나이테의 길이}{나이테의 개수} 이다.$$

(07, 95)

006 대패질의 마무리 정도에 따른 분류

① 막대패질 : 제재목 등을 초벌로 거칠게 임시로
밀어 깎는 데 사용하는, 막대패로 미는 대패질
② 중대패질 : 거칠게 대패질한 다음에 약간 곱게
미는, 중대패로 미는 대패질

③ 마무리대패질 : 목재의 면을 곱고 매끈하게 밀어 깎는, 마무리대패로 미는 대패질

010, 06, 03, 95

007 마룻널 이중 깔기 순서

동바리 → 멍에 → 장선 → 밑창널 깔기 → 방습지 또는 방수지 깔기 → 마룻널 깔기의 순이다.

14

008 짠 마루의 시공 순서

짠 마루는 큰 보위에 작은 보를 걸고 그 위에 장선을 대고 마룻널을 깐 마루로서 스팬이 클 때 사용(6.4m 이상)하고, 구성을 보면, 큰 보+작은 보+장선+마룻널의 순이다.

14, 08, 07, 98, 97, 93

009 목공사의 단면 치수 표현

① 목재의 단면을 표시하는 치수는 특별한 지침이 없는 경우 구조재, 수장재는 모두 제재 치수로 하고, 창호재와 가구재는 마무리 치수로 한다. 또 제재목을 지정 치수대로 한 것을 제재 정치수라 한다.
② 도면에 주어진 창문의 치수는 마무리 치수이므로 제재소에서 주문 시에는 3mm 정도 더 크게 제재 치수로 하여야 한다.
③ 시방서에 제시한 창호 제작 치수를 마무리 치수라 하고, 대패질 기타 마무리를 감안하여 3mm 정도를 크게 한 것을 제재 치수라 한다.

05, 99, 92

010 목공사의 순서

목공사의 순서는 건조 처리 → 먹매김 → 마름질 → 바심질 → 세우기의 순이다.

17, 09, 07, 05, 93

011 공사의 용어

① 바심질 : 구멍 뚫기, 홈파기, 면접기 및 대패질로 목재를 다듬는 일
② 마름질 : 목재의 크기에 따라 각 부재의 소요 길이로 잘라내는 일
③ 박배 : 창문을 창문틀에 다는 일
④ 풍소란 : 창호가 닫혔을 때 각종 선대 등 접하는 부분에 틈새가 나지 않도록 대어 주는 것이다.
⑤ 여밈대 : 미서기 또는 오르내리창이 서로 여며지는 선대이다.
⑥ 마중대 : 미닫이, 여닫이의 상호 맞댄 면이다.

98, 92

012 바심질의 시공 순서

먹매김 → 자르기와 이음, 맞춤, 장부 등을 깎아내기 → 구멍 파기, 홈파기, 대패질 → 필요한 번호, 기호 등을 입면에 기입 → 세우기 순서대로 정리 → 세우기의 순이다.

00

013 목재의 먹매김 표시 기호

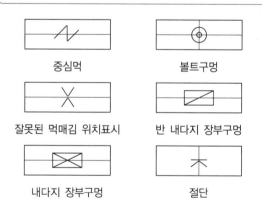

중심먹	볼트구멍
잘못된 먹매김 위치표시	반 내다지 장부구멍
내다지 장부구멍	절단

014 목구조의 횡력에 대한 저항 대책

① 가새 : 목재 뼈대는 대개 사각형으로 부재를 짜게 되는데, 네모 구조의 모양 이그러짐을 방지하기 위하여 대각선 방향으로 가새를 대어 세모 구조로 하면 일그러짐을 방지할 수 있다. 목조 벽체를 수평력에 견디게 하고 안정한 구조로 하기 위한 부재이다.

② 버팀대 : 가새보다는 약하고, 방의 쓸모 또는 가새를 댈 수 없는 곳에 유리한 부재로서 수평재(보, 도리 등)와 수직재(기둥)를 연결하는 부재이다.

③ 귀잡이 : 수평재(보, 도리, 토대 등)가 서로 수평으로 맞추어지는 귀를 안정한 세로 구조로 하기 위하여 빗 방향 수평으로 대는 부재이다.

015 목구조의 기둥

목구조의 본 기둥에는 통재 기둥, 평기둥이 있고, 본 기둥은 건물의 모서리, 칸막이벽과의 교차부 또는 집중하중이 오는 위치에 두며, 벽이 될 때는 1.8m 간격으로 배치한다.

016 목재의 결함(흠)의 종류

① 갈래 : 수목이 성장할 때 심재부의 나무 섬유 세포가 죽고 점차 함수량이 줄어들면 수축하게 되는데 심재부의 갈라짐을 심재 갈래라 하며, 원형 갈래(심재와 변재의 경계선 부분이 갈라짐)와 변재 갈래(변재가 건조, 수축하면 변재 부분이 겉껍질로 심재를 향하여 방사상의 갈래) 등이 있다.

② 옹이 : 수목이 성장하는 도중 줄기에서 가지가 생길 경우 나뭇가지와 줄기가 붙은 곳에 줄기세포가 가지 세포가 교차되어 생기는 결함으로서, 산옹이, 죽은 옹이 썩은 옹이, 옹이구멍 등이 있다.

㉮ 산 옹이 : 벌목할 때까지 붙어있던 산 가지의 흔적으로 다른 목질부에 비하여 약간 굳고 단단한 부분이 되어 가공이 불편하고 미관상 좋지 않으나 목재로 사용하는 데는 별로 지장이 없다.

㉯ 죽은 옹이 : 수목이 성장 도중에 가지를 잘라 버린 자국으로 용재로 사용하기 적당하지 않다.

㉰ 썩은 옹이 : 죽은 가지의 자국이 썩어서 생긴 부분이다.

㉱ 옹이구멍 : 옹이가 썩거나 빠져서 구멍이 된 부분이다.

③ 상처 : 벌목 시 타박상을 입거나, 원목을 운반할 때 섬유가 상한 부분이다.

④ 껍질박이(입피) : 수목이 성장하는 도중에 나무껍질이 상한 상태로 있다가 상처가 아물 때 그 일부가 목질부 속으로 말려들어간 것이다.

⑤ 썩정이 : 부패균이 목재의 내부에 침입하여 섬유를 파괴시킴으로써 갈색이나 흰색으로 변색, 부패되어 무게, 강도 등이 감소된 것이다.

⑥ 지선 : 소나무에 많이 있고, 목재를 건조한 후에도 수지가 마르지 않고 사용 중에도 계속 나오는 것이다.

017 목재의 연결철물

① 듀벨은 볼트와 함께 사용하며, 듀벨은 전단력에, 볼트는 인장력에 견디어 상호 작용하여 목재의 파손을 방지한다.

② 각종 보강철물

㉮ 듀벨 : 듀벨은 전단력에, 볼트는 인장력에 작용시켜 접합재(목재와 목재) 상호간의 변위를 막는 강한 이음을 얻는 데 사용하는 것으로 큰 간사이의 구조, 포갬보 등에 쓰인다.

㉯ 감잡이쇠 : 평보를 대공에 달아 맬 때 평보를 감아 대공에 긴결시키는 보강철물

㉰ ㄱ자쇠 : 가로재와 세로재가 교차하는 모서리 부분에 각이 변하지 않도록 보강하는 철물

㉱ 안장쇠 : 큰 보를 따내지 않고 작은 보를 걸쳐

받게 하는 보강하는 철물이다.

- ㉮ 주걱볼트 : 기둥과 보, 도리(깔도리, 처마도리)의 긴결에 사용한다.
- ㉯ 못 : 못의 길이는 널 두께의 2.5~3.0배, 재의 마구리 등에 박는 것은 3~3.5배로 한다.

(15)

018 주먹장부 맞춤

주먹장부 맞춤은 주먹장부(주먹 모양으로 끝이 조금 넓고 안쪽을 좁게 하여 도드라진 촉이 끼이면 빠지지 않게 되는 맞춤 장부)에 의한 맞춤으로 형태는 다음 그림과 같다.

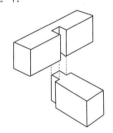

(05)

019 맞춤의 사용처

① 엇빗이음 : 반자틀, 반자살대 등에 쓰인다.
② 빗이음 : 서까래, 지붕널 등에 쓰인다.
③ 걸침턱 : 지붕보와 도리, 층보와 장선 등의 맞춤에 쓰인다.
④ 안장맞춤 : 평보와 ㅅ자보에 쓰인다.

(09)

020 연귀 맞춤의 정의와 종류

① 연귀 맞춤은 직교되거나 경사로 교차되는 부재의 마무리가 보이지 않게 서로 45°또는 맞닿는 경사각을 반으로 빗 잘라 대는 맞춤을 말하며, 내부에 장부 또는 촉으로 보강하거나 옆에서 산지치기 또는 뒤에서 거멀못 등으로 보강한다.

② 연귀 맞춤은 울거미재나 판재로 틀 짜기나 상자 짜기를 할 때 끝부분을 각 45°로 빗 잘라 대는 맞춤으로 모서리, 구석 등 마구리가 보이지 않도록 접합하는 것이다.

③ 연귀 맞춤의 종류
- ㉮ 반연귀 : 연귀를 반만 덧대고 안쪽 또는 바깥쪽은 직각으로 잘라대는 연귀이다.
- ㉯ 안촉연귀 : 연귀의 안쪽에 촉을 내어 다른 재에 구멍을 파서 꿰뚫어 넣고, 바깥쪽은 연귀로 대는 것이다.
- ㉰ 밖촉연귀 : 연귀의 바깥쪽에 촉을 내어 다른 재에 구멍을 파서 꿰뚫어 넣고, 안쪽은 연귀로 대는 것이다.
- ㉱ 안팎촉연귀 : 연귀의 안쪽과 바깥쪽에 서로 촉과 구멍을 파서 꿰뚫어 넣고 나무 마구리가 감추어지게 되는 연귀 맞춤이다.
- ㉲ 사개연귀 : 안쪽에 여러 개의 주먹장을 내고 바깥은 연귀로 맞대어지는 맞춤이다.

(08)

021 목재의 접합

재의 길이 방향으로 두 재를 길게 접합하는 것 또는 그 자리를 이음이라고 하고, 재가 서로 직각으로 접하는 것 또는 그 자리를 맞춤이라고 한다. 또 재를 섬유 방향과 평행으로 옆대어 넓게 붙이는 것을 쪽매라고 한다.

(14, 12, 08)

022 이음, 맞춤, 쪽매의 서술

① 이음 : 부재의 길이 방향으로 두 부재를 길게 접하는 것 또는 그 자리이다.
② 맞춤 : 두 부재가 직각 또는 경사로 물려 짜이는 것 또는 그 자리이다.
③ 쪽매 : 좁은 폭의 널을 옆으로 붙여 그 폭을 넓게 하는 것 또는 재를 섬유 방향과 평행방향으로 옆대어 넓게 붙이는 것이다.

16, 12

023 목재의 이음과 맞춤 시 시공 상 주의 사항

① 재는 가급적 적게 깎아내어 부재가 약해지지 않도록 한다.
② 될 수 있는 대로 응력이 적은 곳에서 접합하도록 한다.
③ 복잡한 형태를 피하고 되도록 간단한 방법을 쓴다.
④ 접합되는 부재의 접촉면 및 따낸 면은 잘 다듬어서 틈이 생기지 않고, 응력이 고르게 작용하도록 한다.
⑤ 이음 및 맞춤의 단면은 응력의 방향에 직각되게 하여야 한다.
⑥ 국부적으로 큰 응력이 작용하지 않도록 적당한 철물을 써서 충분히 보강한다.

15, 09

024 목재의 인공 건조법의 종류

인공 건조법은 건조실에 제재품을 쌓아 넣고, 처음에는 저온, 다습의 열기를 통과시키다가 점차로 고온, 저습으로 조절하여 건조하는 방법으로 증기법, 열기법, 훈연법 및 진공법 등이 있다.
① **증기법** : 건조실을 증기로 가열하여 건조하는 방법
② **열기법** : 건조실 내의 공기를 가열하거나 가열 공기를 넣어 건조하는 방법
③ **훈연법** : 짚이나 톱밥 등을 태운 연기를 건조실에 도입하여 건조하는 방법
④ **진공법** : 원통형의 탱크 속에 목재를 넣고 밀폐하여 고온, 저압 상태 하에서 수분을 빼내는 방법

14, 07, 06, 05, 01, 00, 99, 94

025 목재의 쪽매와 용도

① 쪽매의 형태

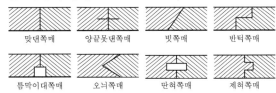

맞댄쪽매　양끝못댄쪽매　빗쪽매　반턱쪽매

틈막이대쪽매　오늬쪽매　딴혀쪽매　제혀쪽매

② 쪽매의 용도
　㉮ 빗 쪽매 : 반자널
　㉯ 오늬 쪽매 : 흙막이 널말뚝
　㉰ 틈막이대 쪽매 : 징두리 판벽
　㉱ 제혀 쪽매 : 마룻널

16

026 목조 건물 뼈대 세우기 순서

목조 건물 뼈대 세우기 순서는 기둥 → 인방보 → 층도리 → 큰 보의 순이다.

98

027 목공사의 일반 사항

못의 길이는 판두께의 3배이고, 목재 1㎥는 약 299.745(약 300)재이다. 또한, 목재의 함수율은 수장재는 15%, 구조재는 20%이다.

01

028 목공사용 공구

① **타카** : 압축 공기를 빌려 망치 대신 사용하는 공구이다.
② **루터** : 목재의 몰딩이나 홈을 팔 때 사용하는 연장이다.

029 계단의 용어　　　　　　　　(97, 95)

① 단 너비 : 계단의 한 디딤판의 너비이다.
② 단 높이 : 계단의 한 단의 높이이다.
③ 계단참 : 계단을 오르내릴 때 쉬어 가는 계단의
　한 부분이다.
④ 계단실 : 건물 내에 계단이 점유하고 있는 공간
　이다.

030 목조 계단의 설치 순서　　　　(07)

목조 계단의 설치 순서는 1층 멍에, 계단참, 2층 받이
보 → 계단옆판, 난간 어미기둥 → 디딤판, 챌판 → 난
간동자 → 난간두겁의 순이다.

031 유성 방부제의 종류

(17, 15, 14, 13, 11, 09, 08, 05, 02, 01, 98, 96, 93)

① 유용성 방부제 : 크레오소트, 콜타르, 아스팔트, 페
　인트 및 펜타클로로페놀 등
② 수용성 방부제 : 황산구리 용액, 염화아연 용액,
　염화제이수은 용액, 플루오르화나트륨 용액 등

032 목재의 방부제 처리법

(15, 12, 10, 09, 05, 04, 02, 98)

① 도포법 : 가장 간단한 방법으로 방부 처리 전에
　목재를 충분히 건조한 다음, 균열이나 이음부
　등에 주의하여 솔 등으로 바르는 방법이다.
② 침지법 : 상온의 크레오소트 오일 등에 목재를
　몇 시간 또는 며칠간 담그는 것으로서 액을 가
　열하면 15mm 정도까지 침투한다.
③ 상압 주입법 : 침지법과 유사하며, 80~120℃의
　크레오소트 오일액에 3~6시간 담근 뒤 다시 찬
　액에 5~6시간 담그면 15mm까지 침투한다.
④ 가압 주입법 : 원통 안에서 방부제를 넣고 7~31

kg/㎠(0.7~3.1MPa)정도로 가압하여 주입하는
것으로 70℃의 크레오소트 오일을 쓴다.
⑤ 생리적 주입법 : 벌목 전에 나무뿌리에 약액을 주
　입하여 나무줄기로 이동하는 방법이나 별로 효
　과가 없는 것으로 알려져 있다.

033 합판의 특징　　　　　　　　(17)

① 합판은 판재에 비하여 균질이고, 목재의 이용률을
　높일 수 있다.
② 베니어를 서로 직교시켜서 붙인 것으로, 잘 갈
　라지지 않으며 방향에 따른 강도의 차가 작다.
③ 베니어는 얇아서 건조가 빠르고 뒤틀림이 없으므로
　팽창과 수축을 방지할 수 있다.
④ 아름다운 무늬가 되도록 얇게 벗긴 단판을 합판
　의 양쪽 표면에 사용하면, 값싸게 무늬가 좋은 판
　을 얻을 수 있다.
⑤ 너비가 큰 판을 얻을 수 있고, 쉽게 곡면판으로도
　만들 수 있다.

034 파티클 보드의 정의　　　　(14, 09)

① 파티클 보드는 목재의 작은 조각 소편으로 합성
　수지 접착제를 첨가하여 열압, 제판한 보드로
　선반 등 가구 제작에 주로 쓰이는 제품이다.
② 파티클 보드는 목재의 부스러기를 합성수지와 접
　착제를 섞어 가열, 압축한 판재이다.

035 집성목재의 장점　　　　　(07, 04)

두께 15~50 mm의 단판을 제재하여 섬유 방향이 거의
평행이 되도록 여러 장 겹쳐서 접착한 목재로서 특성
은 다음과 같다.
① 목재의 강도를 인공적으로 자유롭게 조절할 수 있다.
② 응력에 따라 필요한 단면을 만들 수 있으며, 필요에

따라서 아치와 같은 굽은 용재를 사용할 수 있다.
③ 길고 단면이 큰 부재를 간단히 만들 수 있다.

 12, 93

036 목재 제품

① 합판 : 3매 이상의 단판을 1매마다 섬유 방향에 직교하도록 겹쳐 붙인 것
② 파티클 보드 : 목재의 부스러기에 합성수지와 접착제를 섞어 가열, 압착한 판재이다.
③ 섬유판 : 주원료는 섬유질로, 이를 섬유화, 펄프화하여 접착제를 섞어 판으로 만든 것

CHAPTER 04 창호 및 유리공사

11, 06, 05, 95

001 알루미늄새시의 특성과 시공 시 주의 사항

① 알루미늄새시의 특성
경금속 창호 중 알루미늄새시는 스틸새시에 비하여 강도가 작고 내화성이 약하지만, 비중은 철의 1/3이고 녹슬지 않으며 사용연한이 길다. 또한, 콘크리트, 모르타르, 회반죽 등의 알칼리성에 대단히 약하다.
② 알루미늄새시 시공 시 주의 사항
㉠ 강제 창호에 비해 강도가 약하므로 취급 시 주의하여야 한다.
㉡ 알루미늄은 알칼리성에 약하므로 모르타르, 콘크리트 및 회반죽과의 접촉을 피해야 한다.
㉢ 이질 금속과 접촉하면 부식이 발생하므로, 사용하는 철물을 동질의 재료를 사용하여야 한다.

02, 97

002 창호의 명칭

들창   미서기창   회전창

미들창   쌍여닫이창

13, 11, 09, 07

003 창호철물

① 도어 클로저(도어 체크) : 여닫이문의 위틀과 문짝에 설치하여 열린 문이 저절로 닫히도록 하는 장치이다.
② 크레센트 : 오르내리창을 잠그는데 사용하는 철물이다.
③ 도어 스톱 : 열린 문을 닫을 때 벽을 보호하고 문을 고정하는 장치이다.
④ 레일 : 미세기, 미닫이 창문의 밑틀에 깔아 대어 문바퀴를 구르게 하는 것
⑤ 플로어힌지 : 보통 경첩으로 유지할 수 없는 무거운 자재문에 사용하는 것.

02, 99, 97, 96, 95

004 창호와 창호 철물

① 플로어 힌지 : 자재여닫이 중량문
② 도르래 : 오르내리창
③ 정첩(경첩) : 여닫이창
④ 지도리 : 회전문
⑤ 레일 : 미서기창

005 창호의 용접과 장부쪽의 장·단점 (10)

① 장점
  ㉮ 강력한 조임과 용접으로 강도가 크다.
  ㉯ 도난방지(보안)에 우수하다.
② 단점
  ㉮ 철재의 증가로 무게가 무겁다.
  ㉯ 부식의 우려가 있다.

006 창호에 사용되는 유리의 종류 (00)

① 안전유리(강화유리, 접합유리, 배강도유리 등)
② 복층유리
③ 자외선투과유리
④ 자외선흡수유리
⑤ 열선흡수유리
⑥ 형판유리

16, 14, 13, 11, 10, 09, 08, 06, 05, 04
02, 01, 00, 99, 98, 97, 96, 95, 92

007 유리의 특성 등

① 접합유리 : 투명 판유리 2~3장 사이에 아세테이트, 부틸셀룰로오스 등 합성수지막을 넣어 합성수지 접착제로 접착시킨 유리로서, 깨지더라도 유리 파편이 합성수지막에 붙어 있게 하여 파편으로 인한 위험을 방지(방탄의 효과)하도록 한 것이다. 유색 합성수지막을 사용하면 착색 접합유리가 된다. 접합유리는 보통 판유리에 비해 투광성은 약간 떨어지나 차음성, 보온성이 좋은 편이다.
② 복층유리 : 유리 사이에 공간을 두고 둘레에는 틀을 끼워서 내부를 기밀하게 만든 유리로서 절단 불가능 유리이며, 특성은 다음과 같다.
  ㉮ 단열, 보온, 방한, 방서의 효과가 있다.
  ㉯ 방음의 효과는 있으나, 차음의 효과는 거의 동일하다.
  ㉰ 결로 방지용으로 매우 우수하다.
③ 망입유리 : 방도용 또는 화재, 기타 파손 시 산란하는 위험을 방지하기 위해 유리의 중간에 금속망을 넣은 유리이다.
④ 유리블록 : 투명 유리로, 열전도가 작고 상자형이며, 벽돌 모양으로 된 중공 유리는 채광과 의장성이 좋다.
⑤ 강화유리 : 유리를 600℃로 고온 가열 후 급랭시킨 유리로 보통 유리의 충격 강도보다 3~5배 정도 크며, 200℃ 이상의 고온에서도 형태 유지가 가능한 유리이다. 특징은 다음과 같다.
  ㉮ 강도는 보통 판유리보다 3~5배에 이르고, 충격 강도는 7~8배나 된다.
  ㉯ 열처리에 의한 내응력 때문에 유리가 모래처럼 잘게 부서(파손 시 모가 작아)지므로 유리 파편에 의한 부상이 적다.
  ㉰ 열처리를 한 다음에는 가공(절단)이 불가능하다.
  ㉱ 200℃ 이상의 온도에서 견디므로 내열성이 우수하다.
⑥ 형판(무늬)유리 : 한 쪽 면에는 무늬가 있고, 다른 쪽 면은 평활하다. 두께는 무늬가 있어 돌출된 곳으로부터 평활한 뒷면까지를 말하며 4~5mm가 보통이다.
⑦ 열선흡수(단열)유리 : 담청색을 띠고, 태양광선 중의 장파 부분을 흡수하는 유리이다.
⑧ 프리즘유리 : 투사광선의 방향을 변화시키거나 집중 또는 확산시킬 목적으로 만든 유리제품으로, 지하실 또는 지붕 등의 채광용으로 사용한다. 또한, 한 면이 톱날 모양, 광선 조절 확산 및 실내를 밝게 하는 유리이다.
⑨ 자외선차단(흡수)유리 : 자외선 투과 유리의 반대로, 자외선을 흡수하여 다시 방출하지 않기 때문에 약 10%의 산화제이철(Fe_2O_3)을 함유하게 하고, 그 밖에 금속 산화물(크롬, 망간 등)을 포함시켜 물질의 노화와 변색을 방지하기 위한 유리로서 상점의 진열장, 용접공의 보안경 등에 쓰인다.
⑩ 스팬드럴유리 : 플로트 판유리의 한 쪽 면에 세라믹질의 도료를 코팅한 다음 고온에서 융착 반 강화

시킨 불투명한 색유리로서 휨강도가 보통 유리에 비해 3~5배 정도 강하며, 스팬드럴 부분, 건물 외부 유리와 내·외부 장식용에 사용한다.

⑪ 유리섬유 : 보온, 방음, 흡음 등의 효과가 있다.

⑫ 유리타일 : 불투명의 두꺼운 판유리를 작게 자른 것으로 장식 효과가 있다.

⑬ 자외선투과유리 : 산화제이철(Fe^2O^3 : 자외선을 차단하는 유리의 주성분)의 함유량을 극히 줄인 유리로서 온실 또는 병원의 일광욕실 등에 이용된다.

⑭ 무늬유리 : 롤 아웃법으로 생산되는 유리이고, 용융 유리를 밑면에 무늬가 새겨진 주형에 부어 넣거나 무늬가 새겨진 롤러 사이를 통과시켜 판유리를 만들어 유리 표면에 주형이나 롤러의 무늬가 옮겨진 판유리로서, 품질 기준의 내용에는 무늬 형태 및 상태 등, 유리 내부의 기포 발생, 유리 내부의 이물질, 미세한 균열 등이 있다.

⑮ 구조유리 : 광택, 빛흡수, 화학적 저항이 크다.

17, 16, 12, 07

008 안전유리의 종류

① 접합(합판)유리 : 투명 판유리 2장 사이에 아세테이트, 부틸 셀룰로오스 등 합성수지 막을 넣어 합성수지 접착제로 접착시킨 유리이다.

② 강화유리 : 유리를 600℃로 고온 가열 후 급랭시킨 유리로 보통 유리의 충격 강도보다 3~5배 정도 크며, 200℃ 이상의 고온에서도 형태 유지가 가능한 유리이다.

③ 배강도유리 : 판유리를 열처리하여 유리 표면에 적절한 크기의 압축 응력층을 만들어 파괴 강도를 증대시키고, 또한, 파손되었을 때 재료인 판유리와 유사하게 깨지도록 한 유리이다.

00

009 무늬유리의 품질기준

① 무늬 형태 및 상태 등
② 유리 내부의 기포 발생
③ 유리 내부의 이물질
④ 미세한 균열 등

12, 09, 05

010 유리 끼움재의 종류

① 반죽 퍼티(퍼티, 코킹재 등)
② 나무 퍼티(졸대)
③ 고무 퍼티(실란트, 가스켓 등)

07, 03, 99, 96

011 유리 퍼티의 종류

① 반죽 퍼티(퍼티, 코킹재 등)
② 나무 퍼티
③ 고무 퍼티(실란트, 가스켓 등)

16, 04, 99, 96

012 유리 끼움재의 공법

① 반죽 퍼티 대기　　② 나무 퍼티 대기
③ 고무 퍼티 대기　　④ 누름대 대기

05

013 플로트 판유리 검사 항목

① 반곡(굴곡)
② 형상(직각도)
③ 겉모양(이물질, 기포 등)
④ 치수(길이, 폭, 두께 등)

CHAPTER 05 미장 공사

14, 08, 06, 04, 98, 96, 95, 94

001 수경성 및 기경성의 재료

구 분	분 류		고결재
수경성	시멘트계	시멘트 모르타르, 인조석, 테라초 현장바름	포틀랜드 시멘트
	석고계 플라스터	순석고, 혼합 석고, 보드용, 크림용 석고 플라스터, 킨스(경석고 플라스터) 시멘트	$CaSO_4 \cdot \frac{1}{2}H_2O$, $CaSO_4$
기경성	석회계 플라스터	회반죽, 돌로마이트 플라스터, 회사벽	돌로마이트, 소석회
	흙반죽(진흙), 섬유벽, 아스팔트 모르타르		점토, 합성수지 풀
특수 재료	합성수지 플라스터, 마그네시아 시멘트		합성수지, 마그네시아

07, 01, 00, 98

002 알칼리성의 재료

회반죽, 돌로마이트 플라스터 및 시멘트 모르타르 등

13

003 각종 모르타르의 용도

구분	백시멘트	바라이트	석면	방수	합성 수지계	아스 팔트
용도	착색	방사선 차단	단열	방수	광택	내산성

004 미장 바름의 종류

① 수경성의 미장 바름
　㉮ 시멘트계(시멘트 모르타르, 인조석, 테라초 현장 바름)
　㉯ 석고계(혼합, 보드용, 크림용, 경석고)플라스터
② 기경성의 미장 바름
　㉮ 석회계(회반죽, 회사벽, 돌로마이트)플라스터
　㉯ 흙 반죽, 섬유벽
③ 특수 재료
　합성수지 플라스터, 마그네시아 시멘트 등

12, 10, 09, 04

005 고름질, 덧먹임, 잣대 고르기의 용어

① **고름질** : 바름 두께가 고르지 않거나 요철이 심할 때 초벌 바름 위에 발라 면을 고르게 하는 것.
② **덧먹임** : 바르기의 접합부 또는 균열의 틈새, 구멍 등에 반죽재를 밀어 넣어 때우는 것.
③ **잣대 고르기** : 평탄한 바름면을 만들기 위하여 잣대로 밀어 고르거나 미리 발라둔 규준대 면을 따라 붙여서 요철이 없는 바름면을 형성하는 것이다.
④ **바탕 처리** : 요철 또는 변형이 심한 개소를 고르게 손질 바름 하여 마감 두께가 균등하게 되도록 조정하고 균열 등을 보수하는 것. 또는, 바탕면이 지나치게 평활할 때에는 거칠게 처리하고 바탕면의 이물질을 제거하여 미장 바름의 부착이 양호하도록 표면을 처리하는 것.

06

006 미장 공사의 공정

바탕 처리 → 고름질 → 재벌 → 정벌 → 초벌 갈기 및 왁스 칠의 순이다.

007 미장공사의 치장 마무리 방법

① 흙손(쇠, 나무)마무리
② 솔칠 마무리
③ 색 모르타르 바름 마무리
④ 거친면 마무리
⑤ 바름, 갈기 및 쪼아 내기 등

008 석고 보드의 이음새 시공 순서

바탕 처리 → 하도 → Tape(테이프) 붙이기 → 중도 → 상도 → 샌딩의 순이다.

009 석고 플라스터 마감 시공 순서

바탕 정리 → 재료 반죽 → 초벌 바름 → 고름질 및 재벌 바름 → 정벌바름의 순이다.

010 석고보드의 사용 용도에 따른 분류

① 일반 석고보드 : 가장 일반적으로 널리 쓰이는 석고보드이다.
② 방수 석고보드 : 욕실 및 부엌 등 습기가 많은 장소에 사용하는 석고보드이다.
③ 방화 석고보드 : 내화구조용 등에 사용되는 석고보드이다.
④ 기타 석고보드 : 다기능성 제품인 방화방수 석고보드, 차음 석고보드가 있다.

011 석고보드 이음매 부분 형상에 따른 분류

① 평보드 : 가장 대표적인 석고 보드로 양단이 직각으로 되어 있고, 시공 후 신축 변형이 없이 평활한 면을 유지하므로 벽, 천장, 칸막이 등의 바탕재로 널리 사용되고 있다.
② 데파드보드 : 조인트 컴파운드와 조인트 테이프를 사용하여 이음매 처리를 말끔하게 할 수 있는 일매 이음매 처리용으로 양단을 경사지게 성형한 석고보드이다.
③ 베벨드보드 : 보드의 길이 방향 양면으로 45도 경사지게 하여 이음매 부분을 효율적이고 경제적으로 시공할 수 있는 석고보드이다.

012 시멘트 모르타르의 바름 두께

부위	바닥	바깥벽	안벽	천정
두께(mm)	24		18	15

013 시멘트 모르타르 마감의 작업 순서

바탕 처리 → 초벌 바름 → 고름질 → 재벌 바름 → 정벌바름의 순이다.

014 시멘트 모르타르 시공 순서

청소 및 물 씻기 → 순시멘트풀 도포 → 모르타르 바름 → 규준대 밀기 → 나무흙손 고름질 → 쇠흙손 마감의 순이다.

015 시멘트 모르타르 시공 순서 〔98〕

벽 보수하기 → 바탕 처리 → 들어간 부분 세우기 → 졸대 세우기 → 벽 전체 넓은 부분 바르기 → 모서리 부분 바르기의 순이다.

016 시멘트 모르타르 시공 순서 〔03〕

바탕 청소 → 보수 → 살붙임 바름 → 천장 돌림, 벽 돌림 → 천장, 벽면의 순이다.

017 모르타르면 마무리 방법 〔96〕

① 시멘트 풀칠 마무리
② 색 모르타르 마무리
③ 뿜칠 마무리
④ 솔칠 마무리
⑤ 흙손 마무리

018 실내면의 미장 시공 순서 〔05, 04〕

실내 온통 미장 공사 시 순서는 천장 → 벽 → 바닥의 순이다.

019 줄눈대의 설치 목적 〔16, 05, 02, 97〕

줄눈대는 인조석 갈기, 테라초 현장 바름 바닥 또는 특수한 경우에는 미장 바름의 신축 균열방지, 바름 구획의 구분, 보수 용이 및 의장 효과를 위해 구획하는 줄눈에 넣는 철물이다.

020 바라이트, 라스먹임, 덧먹임 용어 〔00〕

① 바라이트 : 방사선 차단용으로 시멘트, 바라이트 분말, 모래를 섞어서 만든다.
② 라스먹임 : 메탈라스, 와이어 라스 등의 바탕에 최초로 발라 붙이는 작업이다.
③ 덧먹임 : 바르기의 접합부 또는 균열의 틈새, 구멍 등에 반죽된 재료를 밀어 넣는 작업이다.

021 특수 모르타르의 서술 〔07, 05〕

① 아스팔트 모르타르 : 아스팔트에 모래, 톱밥, 기타 특수 재료를 혼합한 것으로서, 내산성이 있어 축전지실이나 기타 산을 많이 취급하는 실내 바닥의 바름 재료이고, 방수 효과가 있다.
② 바라이트 모르타르 : 철광석, 중정석, 철편 등을 원료로 하는 분말재를 시멘트 모르타르에 혼합한 것으로서 방사선 차단 재료로 사용된다.
③ 질석 모르타르 : 시멘트 모르타르에 질석을 혼합한 것으로서 단열 및 경량 구조용으로 사용한다.

022 러프 코트, 리신 바름의 서술 〔15, 10〕

① 러프 코트 : 시멘트, 모래, 잔자갈, 안료 등을 섞어 이긴 것을 바탕 바름이 마르기 전에 뿌려 붙이거나 바르는 거친면 마무리의 일종으로 인조석 바름이다.
② 리신 바름 : 돌로마이트에 화강석 부스러기, 색모래, 안료 등을 섞어 정벌바름하고, 충분히 굳지 않은 상태에서 표면에 거친 솔, 얼레빗 같은 것으로 긁어 거친면으로 마무리하는 것.

023 회반죽 재료의 종류

회반죽은 소석회에 모래, 여물, 해초풀 등을 혼합하여 바르는 미장 재료로서 목조 바탕, 콘크리트 블록 및 벽돌 바탕 등에 바른다.

024 회반죽의 혼합(결합)재료

① 여물 : 미장 재료에 혼입하여 보강, 균열 방지의 역할을 하는 섬유질 재료로서 재료 분리가 발생하지 않고, 흙손질이 잘 퍼져 나가는 효과가 있으며, 짚여물, 삼여물 등을 사용한다.
② 해초풀 : 도벽 재료에 점성을 주어 흙손질의 작업성을 좋게 하고, 고착시키기 위한 결합재이다.
③ 골재 : 증량, 치장과 수축, 균열의 분산으로 균열의 미세화 등을 위한 재료로서 잔골재, 펄라이트 질석 골재(단열을 목적)등이 있다.
④ 기타 결합재 : 안료와 혼화제 등이 있다.

025 회반죽 시공 시 수염, 고름질 서술

① 수염 : 회반죽의 졸대 바탕 등에 거리 간격 20~30cm 마름모형으로 배치하여 못을 박아대고 초벌바름과 재벌바름에 각각 한 가닥씩 묻혀 발라 바름벽이 바탕에서 떨어지는 것을 방지하는 역할을 하는 것으로, 풀이나 여물과는 다소 다르다.
② 고름질 : 바름 두께가 고르지 않거나 요철이 심할 때 초벌바름 위에 발라 면을 고르게 하는 것

026 회반죽 시공 시 해초풀, 여물 서술

① 해초풀 : 물에 끓인 해초 용액을 채로 걸러 회반죽 등에 섞어 쓰는 풀로서 살이 두껍고 잎이 작은 것이 풀기가 좋다.
② 여물 : 바름에 있어 재료의 끈기를 돋우고 재료가 처져 떨어지는 것을 방지하고 흙손질이 쉽게 퍼져 나가는 효과가 있으며, 바름 중에는 보수성을 향상시키고, 바름 후에는 건조에 따라 생기는 균열을 방지한다.

027 미장 재료의 여물의 종류

여물은 미장 재료에 혼입하여 보강, 균열 방지의 역할을 하는 섬유질 재료로서 재료 분리가 발생하지 않고, 흙손질이 잘 퍼져 나가는 효과가 있으며, 짚여물, 삼여물, 기타 여물(종이여물, 털여물 및 석면 등) 등을 사용한다.

028 미장 공사의 일반 사항

미장 바르기 순서는 위에서부터 아래의 순으로 한다. 또한, 벽타일 붙이기는 아래에서부터 위의 순으로 한다.

029 드라이비트 시공 상 주의 사항

드라이비트는 스티로폼 양면에 시멘트를 덧칠한 단열재로서 시공 시 주의 사항은 다음과 같다.
① 드라이비트 시공은 기온이 지나치게 높거나 낮으면 시공 후 하자가 발생할 수 있습니다.
② 적정한 온도인 5~35도 사이에 시공을 권장합니다.
③ 시공을 하는 건축물의 벽면은 건조한 상태에서 시공을 하여야 하고,
④ 오염이 되지 않은 깨끗한 상태에서 하여야 합니다.

CHAPTER 06 타일 공사

005 거푸집 면 타일 먼저 붙이기 공법

① 타일 시트법 : 타일 여러 개를 종이 또는 수지 필름으로 연결하여 정해진 줄눈 폭과 줄눈 깊이가 얻어지도록 가공한 타일 유닛(거푸집에 스테플 또는 특수 못으로 고정)을 현장에서 거푸집에 설치한다.
② 줄눈 칸막이법 : 거푸집 내부에 줄눈 칸막이를 설치한 후, 여기에 타일을 끼워 타설하는 것으로 시트법과 같은 요령으로 시공한다.
③ 졸대 법 : 타일이 대형 또는 특수한 형상이어서 시트를 만들거나 줄눈 칸막이법을 적용할 수 없는 경우에 사용한다.

92

001 타일의 용도상 종류

① 내장 타일 : 자기질, 석기질, 도기질 타일로 내부에 사용되는 타일이다.
② 외장 타일 : 자기질, 석기질 타일로 외부에 사용되는 타일이다.
③ 바닥 타일 : 자기질, 석기질 타일로 바닥에 사용되는 타일이다.
④ 모자이크 타일 : 40mm 이하의 중형 타일로 30cm 각 종이에 붙인 타일로서 자기질 타일이다.

13, 96

006 타일 공사의 바탕처리(물 축이기 및 청소)방법

① 타일을 붙이기 전에 바탕의 들뜸, 균열 등을 검사하여 불량 부분은 보수한다.
② 타일을 붙이기 전에 불순물을 제거하고, 청소한다.
③ 여름에 외장 타일을 붙일 경우에는 하루 전에 바탕면에 물을 충분히 적셔둔다.
④ 타일 붙임 바탕의 건조 상태에 따라 뿜칠 또는 솔을 사용하여 물을 골고루 뿌린다.
⑤ 흡수성이 있는 타일에는 제조업자의 시방에 따라 물을 축여 사용한다.

00

002 내부 바닥 타일의 성질

① 동해를 방지하기 위하여 흡수율이 작아야 한다.
② 자기질, 석기질의 타일이어야 한다.
③ 바닥 타일은 마멸, 미끄럼 등이 없어야 한다.
④ 외관이 좋아야 하고, 청소가 용이하여야 한다.

16, 15, 12, 08, 06, 04, 01, 97, 96, 95, 94

003 벽타일 붙이기 시공 순서

바탕 처리 → 타일 나누기 → 벽타일 붙이기 → 치장 줄눈 및 보양의 순이다.

04, 98

007 타일 공사의 배합비

타일 붙이기에 적당한 모르타르 배합은 경질 타일일 때 1 : 2이고, 연질 타일일 때 1 : 3이며, 흡수성이 큰 타일일 때에는 필요시 가수하여 사용한다.

96

004 플라스틱제 타일 붙이기 시공 순서

바탕 고르기 → 프라이머 도포 → 접착제 도포 → 타일 붙이기의 순이다.

008 타일 나누기 시 주의 사항

① 벽과 바닥의 줄눈을 맞추기 위하여 동시(벽과 바닥)에 계획한다.
② 사용하는 타일은 가능한 온장을 사용하도록 하고, 토막 타일이 나오지 않도록 한다.
③ 배관 등의 매설물의 위치를 파악하여 이 부분에 대한 대비를 철저히 한다.
④ 평면 부분이 아닌 모서리 등의 부분에는 특수 형태의 타일을 사용한다.

97

009 타일 선정 시 고려할 사항

① 치수, 색깔, 형상 등이 정확하여야 한다.
② 흡수율이 작아 동결 우려가 없어야 한다.
③ 용도에 적합한 타일을 선정하여야 한다.
④ 내마모성, 충격 및 시유를 한 것이어야 한다.

10

010 타일 시공법의 선정 조건

① 박리를 발생시키지 않는 공법이고, 백화가 생기지 않을 것
② 마무리 정도가 좋고, 타일에 균열이 생기지 않을 것
③ 타일의 성질, 시공 위치 및 기후의 조건에 유의할 것

09, 07, 93

011 타일의 동해 방지

① 흡수율이 작은 타일 또는 소성 온도가 높은 타일을 사용한다.
② 빗물의 침투를 방지하고, 모르타르 배합비를 정확하게 한다.

05

012 타일의 줄눈 너비의 표준
(단위 : mm)

타일 구분	대형벽돌형 (외부)	대형 (내부 일반)	소형	모자이크
줄눈 너비	9	5~6	3	2

15, 14, 06, 04, 97, 95

013 타일의 흡수성

종 류	소성 온도 (℃)	소 지 흡수성	소 지 빛깔	투명도	건축 재료
토기	790~1,000	크다. (20% 이상)	유색	불투명	기와, 벽돌, 토관
도기	1,100~1,230	약간 크다. (10%)	백색 유색	불투명	타일, 위생도기, 테라코타 타일
석기	1,160~1,350	작다. (3~10%)	유색	불투명	마루 타일, 클링커 타일
자기	1,230~1,460	아주 작다. (0~1%)	백색	투명	위생도기, 자기질 타일

10

014 타일의 원료와 재질

① 도기 : 점토질의 원료에 석영, 도석, 납석 및 소량의 장석질을 넣어 1,000~1,300℃로 구워낸 것으로, 두드리면 둔탁한 소리가 나며 위생 설비에 주로 사용된다.
② 토기 : 정제하지 않아 불순물이 많이 함유된 점토를 유약을 입히지 않고 700~900℃의 비교적 낮은 온도에서 한 번 구워낸 것으로 다공성이며 기계적 강도가 낮다.
③ 자기 : 규석, 알루미나 등이 포함된 양질의 자토로 1,300~1,500℃의 고온에서 구워낸 것으로, 외관이 미려하고 내식성 및 내열성이 우수하여 고급 장식용 등에 사용된다.

015 리놀륨 깔기의 시공 순서

13, 99, 93

바닥 정리 → 깔기 계획 → 임시 깔기 → 정깔기 → 마무리의 순이다.

016 바닥 플라스틱재 타일 붙이기 시공 순서

09, 02

바탕 건조 → 프라이머 도포 → 먹줄치기 → 접착제 도포 → 타일 붙이기 → 보양 → 타일면 청소의 순이다.

017 테라코타의 서술

16, 14, 12, 09, 98

① 테라코타는 기둥의 주두, 난간 벽, 창대 등의 외관 장식으로 많이 쓰이는 속이 빈 형태의 점토제품으로 구조용과 장식용이 있다.
② 테라코타는 자토를 반죽하여 형틀에 맞추어 찍어낸 다음 소성한 점토 제품으로 대개가 속이 빈 형태를 취하고 있으며, 구조용으로 쓰이는 공동 벽돌과 난간 벽의 장식, 돌림띠, 창대, 주두 등의 장식용이 있다.
③ 테라코타는 석재 조각물 대신에 사용되는 장식용 공동의 대형 점토 제품으로서 속을 비게 하여 가볍게 만들고, 건축물의 패러핏, 버팀벽, 주두, 난간벽, 창대, 돌림띠 등의 장식에 사용한다. 특성은 일반 석재보다 가볍고, 압축 강도는 80~90 MPa로 화강암의 1/2 정도이며, 화강암보다 내화력이 강하고 대리석보다 풍화에 강하므로 외장에 적당하다.

CHAPTER 07 금속 공사

001 구리의 합금

17, 16, 05, 01

① 황동은 동(구리)과 아연의 합금이며, 강도와 내구성이 강하다.
② 청동은 동(구리)과 주석의 합금이며, 대기 중에서 내식성이 강하다.

002 금속 철물의 종류

17, 16, 15, 13, 12, 11, 10, 09, 08, 07
05, 03, 99, 97, 96, 95, 94

① 논슬립(미끄럼막이) : 계단의 미끄럼 방지를 위해 설치하는 철물
② 메탈라스 : 얇은 철판에 자른 금을 내어 당겨 늘린 것 또는 두께 0.4~0.8mm의 연강판에 일정한 간격으로 그물눈을 내고 늘려 철망 모양으로 만든 것으로 미장 바름 보호용으로 쓰임
③ 알루미늄 타일 : 얇은 금속판으로 만든 천장재
④ 와이어 라스 : 철선을 꼬아서 만든 철망으로 미장 바탕용으로 쓰임
⑤ 와이어 메시 : 연강선을 직교시켜 전기용접한 철선망
⑥ 인서트 : 주로 콘크리트조 바닥판 밑에 달대의 걸침이 되는 것으로 거푸집 바닥에 고정 시공하고, 콘크리트 표면 등에 어떤 구조물을 달아매기 위하여 콘크리트를 부어넣기 전에 미리 묻어 넣은 고정 철물
⑦ 조이너 : 천장, 벽 등의 이음새를 감추기 위해 사용
⑧ 코너비드 : 벽이나 기둥의 모서리를 보호하기 위하여 미장 바름 할 때 붙이는 철물
⑨ 펀칭 메탈 : 얇은 철판에 각종 모양을 낸 것
⑩ 듀벨 : 볼트와 함께 사용하는데 듀벨은 전단력에, 볼트는 인장력에 작용시켜 접합재 상호간의

변위를 막는 강한 이음을 얻기 위해, 또는 목재의 접합에서 목재와 목재 사이에 끼워서 전단에 대한 저항 작용을 목적으로 한 철물에 사용한다. 큰 간사이의 구조, 포갬보 등에 쓰이고 파넣기식과 압입식이 있다.

⑪ 마무리 치수 : 창호재, 가구재의 단면 치수

⑫ 익스팬션 볼트 : 콘크리트 표면 등에 띠장, 문틀 등의 다른 부재를 고정하기 위하여 묻어두는 특수형의 볼트로서 콘크리트 면에 뚫린 구멍에 볼트를 틀어박으면 그 끝이 벌어지게 되어 있어 구멍 안쪽 면에 고정되도록 만든 볼트

⑬ 코펜하겐 리브 : 보통은 두께 5 cm, 너비 10 cm 정도로 긴 판이며, 표면은 자유 곡선으로 깎아 수직 평행선이 되게 리브를 만든 것으로 면적이 넓은 강당, 영화관, 극장 등의 안벽에 붙이면 음향 조절 효과와 장식 효과가 있다. 주로 벽과 천장 수장재로 사용

15, 04

003 콘크리트, 벽돌 등의 접합 철물

① 익스팬션 볼트 : 콘크리트 표면 등에 띠장, 문틀 등의 다른 부재를 고정하기 위하여 묻어두는 특수형의 볼트로서 콘크리트 면에 뚫린 구멍에 볼트를 틀어박으면 그 끝이 벌어지게 되어 있어 구멍 안쪽 면에 고정되도록 만든 볼트

② 앵커 볼트 : 토대, 기둥, 보, 도리 또는 기계류 등을 기초나 조적이나 콘크리트 구조체에 정착시킬 때 사용하는 본박이 볼트

③ 스크류 앵커 : 땅 속에 매설하는 부분이 스크루 모양으로 되어 있는 지선용의 쇠붙이. 돌려 박기가 쉽지만 장력에 대해서는 큰 저항력을 지니고 있음

④ 인서트 : 주로 콘크리트조 바닥판 밑에 달대의 걸침이 되는 것으로 거푸집 바닥에 고정 시공하고, 콘크리트 표면 등에 어떤 구조물을 달아매기 위하여 콘크리트를 부어 넣기 전에 미리 묻어 넣은 고정 철물이다.

11

004 비철금속의 특성

① 주석 : 전성과 연성이 커서 주조성이 좋으며, 청동의 제조에도 이용된다.

② 납 : 금속 중에서 가장 비중이 크고 연하며 X선을 차단하는 성능이 있다.

③ 알루미늄 : 경금속으로 은백색의 광택이 있으며, 창호 재료로 많이 이용된다.

④ 아연 : 강도가 크고 연성 및 내식성이 양호하며 황동의 재료로도 이용된다.

96

005 셔터의 설치 부품

① 슬랫 : 보통 폭이 좁고 긴 연강판재의 슬랫을 연결하여 두루마리 모양으로 말 수 있게 만든 문이다.

② 홈대 : 셔터의 양 쪽 벽면에 매입한 강판, 스테인리스 강판 및 황동제의 홈대로서 셔터의 승강 통로이다.

③ 기타 : 개폐 장치, 셔터 케이스 및 핸들 박스 등

CHAPTER
08
합성수지 공사

14, 95

001 방수 공법의 종류

① 시멘트 액체방수 : 모르타르에 방수제, 방수액을 혼합하여 피막 방수층을 형성하는 공법이다.

② 시트(합성수지 고분자)방수 : 합성고분자 루핑(합성 고무, 합성수지를 주성분으로 하는 두께 0.8~2.0mm)을 접착제로 바탕에 붙여서 방수하는 공법이다.

③ 도막 방수 : 액체로 된 방수도료를 한 번 또는 여러 번 칠하여 상당한 두께의 방수 막을 형성하는 공법이다.

④ 아스팔트 방수 : 석유계 아스팔트를 이용한 방수 공법이다.

⑤ 멤브레인 방수 : 피막상의 방수층으로 전면을 덮는 방수 공법이다.

(10)

002 시트방수의 장·단점

(가) 장점 :

① 시공이 간단하고, 공사 기간이 단축된다.

② 바탕 균열에 대한 신장성이 크고, 내구성 및 후성이 좋다.

(나) 단점 :

① 시트 상호 간의 접합부 처리 및 복잡한 마감이 어렵다.

② 국부적인 보수가 어렵고, 가격이 비싸다.

(15)

003 도막 방수의 재료

도막 방수는 액체로 된 방수도료를 한 번 또는 여러 번 칠하여 상당한 두께의 방수막을 형성하는 공법으로 재료를 대별하면, 에폭시계, 용제형 및 유제형 등이 있고, 공법(시공) 상으로는 라이닝 공법과 코팅 공법 등이 있다.

17, 15, 14, 13, 12, 11, 10, 08, 07

06, 04, 03, 02, 99, 96, 95, 94

004 합성수지의 분류

열경화성 수지	페놀(베이클라이트, 석탄산) 수지, 요소 수지, 멜라민 수지, 폴리에스테르 수지(알키드 수지, 불포화 폴리에스테르 수지), 실리콘 수지, 에폭시 수지, 프란 수지, 폴리우레탄 수지 등
열가소성 수지	염화비닐 수지, 폴리에틸렌 수지, 폴리프로필렌 수지, 폴리스티렌 수지, ABS 수지, 아크릴산 수지, 메타아크릴산 수지, 불소 수지, 스티롤수지, 초산비닐 수지 등
섬유소계 수지	셀룰로이드, 아세트산 섬유소 수지

(97)

005 합성수지 재료의 시공 온도

구분	열가소성 수지	페놀, 멜라민 수지	경화폴리에스테르 수지
시공 온도	50~60℃	120~150℃	100~150℃

CHAPTER
09 도장 공사

01, 96, 94

001 도료의 선택 조건

① 물체의 보호 및 방식 기능 : 내수, 내습, 내산, 내유, 내후성 등

② 물체의 색채와 미장 기능 : 색과 광택의 변화, 미관, 표식, 평탄화, 입체화 등

③ 특수한 기능 : 전기 절연성, 방화, 방음, 온도 표시, 방균 등

002 기능성 도장의 서술

10, 06, 04

기능성 도장은 물질의 표면에 부착, 고화하여 소기의 성능(내약품성, 내수성, 방습·방청·방음성, 방사선 차단성 및 전기 절연성 등)을 갖는 막이 되는 도료를 도포하는 도장이다.

003 녹막이 도료의 종류

16, 15, 14, 11, 06, 04, 99, 96

① 연단 도료
② 함연 방청 도료
③ 방청 산화철 도료
④ 규산염 도료
⑤ 크롬산아연 도료(징크메이트 도료, 알루미늄 초벌용 녹막이 도료)
⑥ 워시(에칭)프라이머
⑦ 역청질 도료
⑧ 아연 분말 도료
⑨ 알루미늄 도료 등이 있다.

004 철재 녹막이 칠의 공정

99

바탕 처리 → 녹막이 칠 → 연마지 닦기 → 구멍 땜 및 퍼티 먹임 → 재벌 → 정벌칠의 순이다.

005 도료의 보관 방법

98

① 일광 직사를 피하고, 새거나 엎지르지 않도록 한다.
② 환기가 잘 되고, 먼지가 나지 않게 한다.
③ 사용 중인 도장 재료는 모두 밀봉하여 둔다.
④ 도료가 부착된 헝겊 등은 자연 발화의 우려가 있으므로 제거하여야 한다.

006 도료 보관 시 발생하는 결함

08

시기	도장 재료의 결함
저장 시	피막의 형성, 점도의 상승, 안료의 침전, 경화(겔화), 변색, 가스 발생 등
공사 중	도막의 불량과 과다, 실끌림, 뭉침, 흐름 등
공사 후	미세 구멍(핀 홀), 주름, 기포의 발생, 얼룩, 황변 등

007 도료의 종류

08

① 유성 에나멜페인트 : 유성 바니시를 비히클로 하여 안료를 첨가한 것을 말하고, 일반적으로 내알칼리성이 약하다.
② 클리어 래커 : 목재면의 투명 도장에 사용되며, 건조는 빠르나 도막이 얇다.
③ 비닐수지 도료 : 대표적인 것으로 염화비닐 에나멜이 있으며, 일반용과 내약품 용도의 것이 있다.

008 도장공법의 종류

16, 13, 07, 04, 02, 00, 99, 98, 96, 93

① 붓칠 : 붓(솔)에 칠을 충분히 묻혀서 손이 갈 수 있는 범위 내에서 평활하게 칠하는 공법으로 가장 일반적인 공법이고, 건조가 빠른 래커 등에는 부적당하다.
② 롤러칠 : 스펀지 또는 털이 깊은 롤러를 써서 일정한 누름으로 칠하고 균일하게 되도록 넓혀 칠하는 공법으로 천장이나 벽면처럼 평활하고 넓은 면을 칠할 때 유리하며, 작업 시간이 다른 공법에 비해 간소하다.
③ 문지름칠 : 헝겊에 솜을 싸서 칠을 듬뿍 품게 하여 세게 문질러 바르는 공법으로 면이 고르고 광택을 낼 때 사용한다.
④ 뿜칠 : 압축공기로 칠을 뿜어 도장하는 공법으로 초기 건조가 빠른 래커 등에 유리하며, 기타 여러 가지 칠에도 많이 이용된다.

⑤ 정전 도장공법 : 이슬 모양으로 미립화된 도료를 고전압의 정전장에 분산시켜 물체의 표면에 도료를 부착시키는 공법이다.
⑥ 솔칠 : 최종 도장 후 잔손보기 작업할 때 사용하는 방법이다.
⑦ 스프레이칠 : 주로 고급의 마감이 요구될 때 적용하는 도장으로 도장면이 평탄하고 매끄러운 질감을 얻을 수 있는 도장에 적용하는 방법이다.
⑧ 주걱칠 : 대표적인 것으로 안티코스터코 도장이 있으며, 올 퍼티 작업으로 면을 잡은 다음 도장재를 얹어 질감이나 패턴을 얻고자 할 때 적용하는 방법이다.

(16, 07, 02, 97)
009 도장 재료의 용도
① 신너-희석제
② 광명단-방청제
③ 크레오소트-방부제
④ 오일스테인-착색제

(17, 14, 13, 10, 06, 04, 02, 01, 00, 99, 97, 96, 94)
010 목재면 바니시 칠 공정 작업 순서
바탕 처리 → 눈먹임 → 색올림 → 왁스 문지름의 순이다.

(02)
011 목부의 유성 바니시 시공 순서
바탕 손질 → 눈먹임 → 착색 → 초벌칠 → 정벌칠 → 닦기와 마무리의 순이다.

(17, 15, 14, 13, 09, 08, 06, 02, 99, 96, 95)
012 수성 페인트의 시공 순서
바탕 만들기 → 바탕 누름 → 초벌 → 페이퍼 문지름(연마지 닦기) → 정벌의 순이다.

(07)
013 유성 페인트의 구성 재료
보일드유[건성유(아마인유, 대두유, 들기름, 등유, 콩기름 등)를 가열처리한 것], 안료, 건조제(나프탄산염) 및 희석제(테레빈유, 벤젠 등)등으로 구성된다.

(00, 96, 94)
014 휘발성 용제의 종류
용제(도료를 도장하기에 알맞은 점성과 농도 상태를 유지하기 위하여 사용되는 성분) 중 휘발성 용제에는 아세톤, 알코올, 테레빈유, 벤젠, 벤졸, 솔벤트, 석유 등이 있다.

(17, 11, 05)
015 철부 유성페인트의 시공 순서
바탕 조정 → 녹막이칠 → 연마지 갈기 → 구멍 메움 → 연마지 갈기 → 재벌칠 → 연마지 갈기 → 정벌칠의 순이다.

(05)
016 목부 유성페인트의 시공 순서
바탕 만들기 → 퍼티 먹임 → 연마 작업 → 초벌 → 연마 작업 → 재벌 1회 → 재벌 2회 → 연마 작업 → 정벌의 순이다.

(98, 95)
017 목부 바탕 만들기 공정 순서
오염 및 부착물 제거 → 송진 처리 → 연마지 닦기 → 옹이 땜 → 구멍 땜의 순이다.

018 방화 도료의 종류

방화도료는 가연성 물질에 도장하여 인화, 연소를 방지 또는 지연시킬 목적으로 사용하는 도료로서 비발포성(불연성 및 난연성)도료와 발포성 도료 등이 있고, 규산소다 도료, 붕산카세인 도료 및 합성수지 도료(요소, 비닐, 염화 파라핀 등)가 있다.

019 콘크리트 PC패널의 바탕면에 마감면 합성수지 바르는 방법

① **솔칠** : 솔에 칠을 충분히 묻혀 손이 갈 수 있는 범위 내에서 이음새, 틈서리 부분을 먼저 눌러 바르고, 중간 부분을 바른 다음 가로, 세로로 세게 눌러 칠하면서 균일하게 넓히고, 마무리 손질을 재료의 긴 방향으로 가볍게 운행하여 솔자국, 칠모임 등을 없게 한다.
② **롤러칠** : 스펀지 또는 털이 깊은 롤러를 사용하여 일정한 누름으로 칠하고, 균일하게 되도록 넓혀 칠한다.
③ **뿜칠** : 도료를 압축공기에 의해 안개 상태의 미립자로 하여 뿜어 칠하는 방법이다.
④ **문지름칠** : 헝겊에 솜을 싸서 칠을 듬뿍 품게 하여 되게 문질러 바르는 것이다.

020 부착 저해, 터짐, 벗겨지는 원인 등

① 부착 저해 원인 : 유지분, 수분, 녹, 진 등
② 박리 원인
　㉮ 바탕 처리의 불량,
　㉯ 초벌과 재벌의 화학적 차이,
　㉰ 바탕 건조의 불량,
　㉱ 기존 도장위의 재도장,
　㉲ 철재면 위의 비닐수지 도료 도포　㉳ 부적당한 작업 등

③ 균열 발생의 원인
　㉮ 건조제의 과다 사용,
　㉯ 안료에 유성분 비율이 낮은 경우,
　㉰ 초벌의 건조 불충분,
　㉱ 초벌의 피막이 약하고, 재벌의 피막이 강할 경우,
　㉲ 금속면에 탄력성이 적은 도료를 사용할 때

CHAPTER 10 내장 및 기타공사

001 경량 철골 반자의 시공 순서

앵커 설치 → 달대 설치 → 천정틀 설치 → 텍스 붙이기, 인서트 → 달볼트 → 조절행거 → 캐링찬넬 → 클립 → 천장판의 순 또는 상부 인서트 고정 → 달볼트 → 행거 → 반자틀받이 → 클립 → 반자틀 → 천장판의 순이다.

002 도배지 바름 시공 순서

바탕 처리 → 초배지 바름 → 정배지 바름 → 걸레받이 → 마무리 및 보양의 순이다.

003 도배의 순서의 3단계

바탕 처리 → 풀칠 → 붙이기의 순이다.

004 도배 공사의 시공 순서

바탕 처리 → 초배지 바름 → 재배지 바름 → 정배지 바름 → 굽도리의 순이다.

(10, 04, 02, 99)

005 도배 공사의 풀칠 방법

① 봉투바름 : 도배지 주위에만 풀칠을 하고, 종이에 주름이 생길 때에는 위에서 물을 뿜어둔다.
② 온통바름 : 도배지의 모든 부분에 풀칠을 하는 바름법으로, 흡수하면 갓둘레가 늘어날 우려가 있는 것은 중앙 부분부터 주변 부분 순으로 순차적으로 풀칠하는 바름 방식이다.
③ 정벌재바름 : 정배지 바로 밑에 바르는 것으로 정배지가 어느 정도 투명일 때에는 재배지는 깨끗한 흰 종이를 쓰고, 이음새의 위치도 일정한 간격으로 한다.

(10)

006 도배 공사의 초벌 밑바름질의 종류

① 창호지(참지)   ② 피지
③ 갱지   ④ 백지
⑤ 모조지   ⑥ 하트론지
⑦ 마분지 등

(13, 07, 06, 02)

007 도배 공사 시 벽도배의 시공 순서

바탕 바름 → 초배 → 재배 → 정배 → 굽도리지의 순이다.

(12, 04, 98, 96)

008 장판지 붙이기 시공 순서

바탕 처리 → 초배 → 재배 → 정배 → 걸레받이 → 마무리칠의 순이다.

(96)

009 반자틀의 구조 방법상 종류

① 바름반자 : 콘크리트 바탕, 졸대 바탕, 졸대철망 바탕, 회반죽, 플라스터, 모르타르 바름 등
② 널반자 : 치받이 널반자, 살대 반자, 우물 반자 등
③ 넓은판 반자 : 합판, 각종 건축판, 금속판, 음향 효과판 등
④ 구성반자 : 합판, 플라스틱, 층단 반자 등
⑤ 기타 : 종이 반자, 천붙임 반자 등

(15, 04, 02, 01, 98)

010 목조 반자틀의 구성 순서

달대 받이 → 반자돌림대 → 반자틀 받이 → 반자틀 → 달대 → 반자널의 순이다.

(03, 93)

011 벽, 천장에 붙이는 재료

건축판(합판, 섬유판 등의 넓은 판)에는 합판, 섬유판, 코르크판, 석고판, 목모 시멘트판, 석면 시멘트판 등이 있다.

(05②, 02)

012 경량철골 반자틀

① 클립(Clip) : M-bar와 캐링 채널의 연결 부분
② Single M-bar : 천장판의 중간 부분
③ Double M-bar : 천장판의 연결 부분

(08)

013 바닥재 플라스틱 타일의 시공 순서

바탕 처리 → 프라이머 도포 → 접착제 도포 → 타일 붙이기의 순이다.

014 반자 설치의 목적

① 단열 및 차음(소리와 열의 차단)효과
② 음향 방지
③ 장식(의장) 적 구성

015 카펫의 종류

① 루프(loop, 고리) 형태
② 커트 형태
③ 복합형(루프형과 커트 형태의 복합형)

016 커튼의 주름 방법

① 홑주름
② 겹주름(2겹, 3겹)
③ 함(상자)주름
④ 게더형 주름

017 흡음 재료의 종류

흡음 재료는 음향을 조절하기 위하여 가공된 판으로 흡음률이 0.3 이상인 재료로서, 종류에는 암면, 유리면, 어코스틱 텍스, 어코스틱 타일, 목재 루버, 코펜하겐 리브, 구멍 합판, 석고 보드, 석면 시멘트판, 목모 시멘트판, 석고판, 석면판, 섬유판, 알루미늄판, 하드 보드판 등이 있다.

018 단열재의 조건

단열재는 열을 차단할 수 있는 성능을 가진 재료로서 열전도율이 0.05kcal/mh℃ 내외의 값을 갖는 재료이다.

① 열전도율이 작고, 단열 효과가 우수할 것
② 방화성, 방수성, 방습성, 내화성 및 내열성이 우수할 것
③ 유독가스, 연기가 발생하지 않을 것
④ 변형 또는 변질이 적고, 어느 정도의 기계적 강도가 있어야 한다.
⑤ 흡수율, 비중 및 기포가 작아야 한다.

019 단열재의 주요 성능

① 보온, 보냉
② 방한, 방서
③ 결로 방지
④ 흡음, 차음

020 방음 재료의 종류

① 어코스틱타일 : 연질섬유판에 잔구멍을 뚫고 표면칠로 마무리한 흡음판
② 목재루버 : '코펜하겐리브' 라고도 하며, 단면을 리브형태로 만든 방음, 흡음판
③ 구멍합판 : 합판에 3cm 간격으로 구멍을 뚫고, 뒤에 섬유판을 댄 흡음판

021 레디믹스트 콘크리트의 종류

현장에 떨어져 있는 콘크리트 전문 제조 공장에 콘크리트를 배처 플랜트에 의해 생산하여 현장에 운반하여 사용하는 것 또는 주문에 의해 공장 생산 또는 믹싱카로 제조하여 사용 현장에 공급하는 콘크리트로, 현장이 협소하여 재료 보관 및 혼합 작업이 불편할 때 사용하며, 시가지의 공사에 적합하다. 레디믹스트 콘크리트의 종류는 다음과 같다.

① 센트럴 믹스트 콘크리트(central mixed concrete) 플랜트에 고정 믹서를 설치해 두고 각 재료를 계량하고 혼합하여 완전히 비벼진 콘크리트를 트럭믹서 또는 트럭에지테이터에 투입하여 운반중에 교

반하면서 공사현장까지 배달 공급하는 방식이다.

② 슈링크 믹스트 콘크리트(shrink mixed concrete)
플랜트에 고정 믹서에서 어느 정도 콘크리트를 비빈 후 아직 불충분하게 혼합된 콘크리트를 트럭믹서 또는 트럭에지테이터에 투입하여 공사 현장까지 도착하는 사이에 소정의 운반시간만큼 혼합하여, 도착 시에는 완전히 비벼진 콘크리트로 만들어 배달하는 공급 방식이다.

③ 트랜싯 믹스트 콘크리트(transit mixed concrete) 등으로 구분한다.
플랜트에는 고정 믹서가 없고 각 재료의 계량장치만 설치하고 계량된 각 재료는 직접 트럭믹서 속에 투입하여 공사 현장으로 도착되는 소정의 시간 내에 소요 수량을 가해 교반 혼합하면서 운반하고, 공사 현장에 도착하였을 때는 완전히 비벼진 콘크리트로 만들어 배달하는 공급 방식이다.

---

(09)

022 응결, 경화의 서술

① 응결 : 시멘트에 적당한 양의 물을 부어 뒤섞은 시멘트풀은 천천히 점성이 늘어남에 따라 유동성이 점차 없어져서 차차 굳어지는 상태로, 고체의 모양을 유지할 정도의 상태이다.

② 경화 : 응결된 시멘트의 고체는 시간이 지남에 따라 조직이 굳어져서 강도가 커지게 되는 상태를 말한다.

---

(05)

023 자외선 차단 형광등

박물관이나 미술관 전시실에 사용하는 특수한 형광등으로 자외선 방출량이 일반 형광등에 비해 현저히 낮은 형광등이다.

---

(10)

024 천연 아스팔트의 종류

① 레이크 아스팔트 : 지구 표면의 낮은 곳에 괴어 반액체 또는 고체로 굳은 아스팔트이다.

② 록 아스팔트 : 사암, 석회암 또는 모래 등의 틈에 침투되어 있는 아스팔트이다.

③ 아스팔타이트 : 많은 역청분을 포함한 검고, 견고한 아스팔트이다.

---

(97)

025 각종 재료의 연결

(1) 벤틸레이터 : 공기 조절

(2) 필름, 크로스 : 지붕 재료

(3) 에폭시 : 바름 바닥

---

(01)

026 내장 공사의 용어

① 도듬문 : 문 울거미를 제외하고 중간을 두껍게 바른 문이다.

② 풀귀알 : 풀칠을 하는 솔로서 보통은 빳빳한 돼지털이 사용되고, 털이 잘 빠지지 않게 하여야 한다.

③ 맹장지 : 울거미 전체를 종이로 싸서 바른 것이다.

④ 불발기 : 맹장지의 일부에 창호지를 바른 것이다.

요점 정리 PART 02 적산

해 산출된 정미량에 손실량을 가산하여 주는 백분율이 재료의 **할증률**이다.

② 건축재료의 기본 할증률

종류		할증률 (%)	종류	할증률 (%)
목재	각재	5%	타일 모자이크, 도기, 자기, 크링커	3%
	판재	10%		
	졸대	20%		
합판	일반용	3%	단열재	10%
	수장용	5%	블록	4%
벽돌	붉은벽돌	3%	원형철근	5%
	내화벽돌	3%		
	시멘트벽돌	5%	이형철근	3%
	경계블록	3%	기와	5%
	호안블록	5%		

③ 각재의 수량은 부재의 총 길이로 계산하되, 이음 길이와 토막 남김을 고려하여 5%를 증산하며, 합판은 총 소요면적을 한 장의 크기로 나누어 계산한다. 일반용은 3%, 수장용은 5%를 할증 적용한다.

---

001 공사 원가의 3요소

(07, 06)

① 재료비　　② 노무비　　③ 외주비

---

002 공사관리의 3대 요소

(04)

① 원가 관리　② 공정 관리　③ 품질 관리

---

003 공사비의 구성 분류

(17, 13, 11)

총공사비= 총원가 + 부가 이윤

= 공사 원가 + 일반관리비 부담금 +부가 이윤

= 순 공사비 + 현장 경비 + 일반관리비 부담금 +부가 이윤

= 간접 공사비(공통 경비) + 직접 공사비(재료비+노무비+외주비+경비) + 현장 경비 + 일반관리비 부담금 + 부가 이윤

---

004 재료의 할증률

(17, 16, 14, 13, 11, 10, 07, 00, 96)

① 공사에 사용되는 재료는 운반, 절단, 가공, 시공 중에 손실량이 발생하게 된다. 설계 도서에 의

---

005 적산과 견적의 정의 및 차이점

(10, 08, 97, 94, 93)

(가) 적산과 견적의 정의

① 적산은 공사에 필요한 재료 및 수량 즉, 공사량을 산출하는 기술 활동이다.

② 견적은 공사량에 단가를 곱하여 공사비를 산출하는 기술 활동이다.

(나) 적산과 견적의 차이점

① 적산으로 산출된 공사량은 일정치가 되고, 견적은 계약 조건, 시공 장소, 공사 기일 기타 조건에 따라 변동될 수 있다.

② 적산은 건축에 관한 기초 지식만 있으면 초보자라도 성의와 근면으로 이룩할 수 있고, 견적은 풍부한 경험, 충분한 지식, 정확한 판단력 등이 있어야 가능하다.

③ 적산에서는 명세 견적과 개산 견적이 있는 데, 이것은 **공사량**, **공사비** 등을 산출하는 기준이다.

④ 개산 견적의 단위 기준에 의한 견적

㉮ **단위 설비**에 의한 견적 : (1실의 통계 가격×실의 수)

㉯ 단위 **면적**에 의한 견적 : 비교적 정확도가 높은 경우로서 1㎡를 기준으로 산정한다.

㉰ 단위 **체적**에 의한 견적 : 특수한 경우와 층고가 매우 높은 경우로서 1㎥를 기준으로 산정한다.

(08)

006 최적(표준) 공기의 정의

① 그림(a)에서 시공 속도와 공사 기일과의 관계는 다음과 같다.

㉮ 단일 공사를 매일 동일한 공사량으로 완수하는 경우, 기성고와 공사 기일은 ①과 같은 직선이 된다.

㉯ 보통의 경우, 처음은 느리고, 중간에서는 일정하며, 마지막에는 서서히 감소된다고 하며, ②와 같이 사다리꼴이 된다.

㉰ 실제 공사에 있어서 초기에는 더디고, 중기에는 점차적으로 왕성해지며, 후기에는 다소 감퇴하는 것이 일반적이므로 ③과 같이 된다.

② 그림(b)에서 공사 누계 기성 부분과 공사 기일의 관계는 다음과 같으며, 급작 공사를 행하는 경우에 공사의 질이 조악해지고, 공사비가 증대되는 이유는 다음과 같다.

㉮ 작업 인원과 시공 기계의 증가에 따른 작업장의 협소, 선후 공사의 엇갈림으로 인한 기다림 시간, 재손질의 부분이 발생한다.

㉯ 계속 연장 작업, 야간 작업 또는 교대 작업으로 인한 인원의 피로, 능률 저하, 가산 노무비, 잔업용 시설비 등이 증가한다.

㉰ 무리한 자재 구입, 시공 기계의 도입으로 공사비 증대, 무리한 작업에 따른 재료의 낭비, 기계 고장 등이 빈발한다.

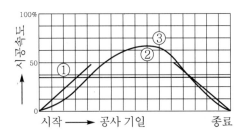

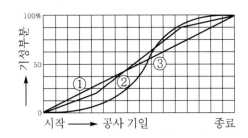

CHAPTER 02 가설 공사

(14, 11, 10, 08, 04, 01, 00, 99, 98, 97, 92)

001 비계 면적의 산출

① 내부 비계의 면적 : 내부 비계의 비계 면적은 연면적의 90%로 하고, 손료는 외부 비계 3개월까지의 손율을 적용함을 원칙으로 한다.

② 외부 비계의 면적

㉮ 외부 비계

종별	쌍줄비계	겹비계, 외줄비계
목조	벽 중심선에서 90cm 거리의 지면에서 건물 높이까지의 외주면적	벽 중심선에서 45cm 거리의 지면에서 건물 높이까지의 외주면적
철근콘크리트조 및 철골조	벽 외면에서 90cm 거리의 지면에서 건물 높이까지의 외주면적	벽 외면에서 45cm 거리의 지면에서 건물 높이까지의 외주면적
비계면적의 산정식	$A = H(l+7.2)$	$A = H(l+3.6)$
	여기서, A : 비계면적, H : 건물의 높이, l : 벽체의 외주길이	

㉯ 파이프 비계

종별	단관비계	강관틀비계
철근콘크리트조 및 철골조	벽 외면에서 90cm 거리의 지면에서 건물 높이까지의 외주면적	
비계면적의 산정식	$A = H(l+8)$	

CHAPTER 03 조적 공사

(17, 15, 14, 13, 11, 09, 08, 07, 06, 03, 02)
(01, 00, 99, 98, 97, 96, 94, 93)

001 벽돌 및 모르타르 량의 산출

① 벽돌량의 산출

	0.5B	1.0B	1.5B	2.0B
기본형	65	130	195	260
표준형	75	149	224	298

* 벽돌의 정미량과 반입 수량(소요량에 할증률을 포함한 량)을 구분하여야 한다.

② 모르타르량의 산출

벽두께	0.5B	1.0B	1.5B	2.0B	2.5B	3.0B
표준형	0.25m³	0.33m³	0.35m³	0.36m³	0.37m³	0.38m³
재래형	0.30m³	0.37m³	0.40m³	0.42m³	0.44m³	0.45m³

(16, 09, 96)

002 블록량의 산출

구분	정미소요량	할증률(4%) 포함
기본형	12.5매	13매
장려형	16.3매	17매

PART 02 적산 • 37

목 공사

17, 16, 15, 13, 12, 11, 07, 04, 99, 96

001 목재량의 산출

① 목재량의 산출 시 1부재의 목재량은 단면적×부재의 길이(겹치는 부분도 포함)이다.
② 각재의 량=각재의 부피×개수=각재의 가로×세로×높이×개수이다.
③ 판재의 량=판재의 부피×개수=판재의 가로×세로×두께×개수이다.
④ 1사이(才)=1치×1치×12자
=3.03cm×3.03cm×(30.3cm×12)이다.

타일 공사

16, 13, 11, 05, 04, 00, 96, 95

001 타일 수량의 산출

① 타일의 소요량=시공 면적×단위 수량
=시공 면적×
$$\left(\frac{1m}{타일의\ 가로\ 길이+타일의\ 줄눈}\right)$$
$$\times\left(\frac{1m}{타일의\ 세로\ 길이+타일의\ 줄눈}\right)$$
② 모자이크 타일의 소요 매수는 11.4매/m²(재료의 할증률이 포함되고, 종이 1장의 크기는 30cm×30cm이다.)이므로, 총 소요량=붙임 면적×11.40매/m²이다.

13

002 리놀륨 타일의 소요량 산출 (m²당)

타일(m²)	접착제(kg)	내장공(인)	인부(인)
1.05	0.39~0.45	0.09	0.03

11

003 바닥 재료량의 산출

① 타일량의 산출 : 바닥면적×단위수량 이다.
② 인부수의 산출 : 바닥면적×소요 인원 수 이다.
③ 도장공의 산출 : 바닥면적×소요 인원 수 이다.
④ 접착제의 산출 : 바닥면적×소요량 이다.

기타 공사

13, 11, 09

001 창호의 칠면적 산정

구 분		소요 면적 계산	비 고
목재면	양판문 (양면칠)	(안목면적)×(3.0~4.0)	문틀, 문선 포함
	플러시문 (양면칠)	(안목면적)×(2.7~3.0)	문틀, 문선 포함
	미서기창 (양면칠)	(안목면적)×(1.1~1.7)	문틀, 문선, 창선반 포함
철재면	철문 (양면칠)	(안목면적)×(2.4~2.6)	문틀, 문선 포함
	새시 (양면칠)	(안목면적)×(1.6~2.0)	문틀, 창선반 포함
	셔터 (양면칠)	(안목면적)×(2.6~4.0)	박스 포함
징두리판벽, 두겁대, 걸레받이		(바탕 면적)×(1.5~2.5)	
철계단(양면칠) 파이프 난간(양면칠)		(경사면적)×(3.0~5.0) (난간면적)×(0.5~1.0)	

002 미장 공사의 소요 일수 산출

$$소요\ 일수 = \frac{총\ 소요\ 미장공}{1일\ 작업\ 미장공} = \frac{30}{5} = 6일$$

003 벽체와 기둥의 콘크리트량의 산출

① 기둥의 콘크리트량=기둥의 체적=기둥의 단면적 ×기둥의 높이이다.

② 벽체의 콘크리트량=벽체의 체적=벽체의 단면적 ×벽체의 높이이다.

004 철근콘크리트의 거푸집

① 격리재(separator) : 거푸집 상호 간의 간격을 유지하기 위해 설치하는 긴장재이다.

② 긴결재(form tie) : 거푸집의 간격을 유지하며, 벌어지는 것을 막는 긴장재이다.

③ 간격재(spacer) : 철근과 거푸집, 철근과 철근의 간격을 유지하고, 슬래브에 배근되는 철근이 거푸집에 밀착하는 것을 방지하기 위한 것으로 철제, 철근제, 모르타르제 등이 있다.

005 지붕의 면적 산출

지붕의 면적
=지붕의 면적×지붕면의 개수
={지붕의 길이×(지붕 한 쪽 면 삼각형의 높이/2)} ×지붕면의 개수
={지붕의 길이× $(\sqrt{(스팬/2)^2 + (용마루의\ 높이)^2}/2)$} ×지붕면의 개수
={지붕의 길이× $(\sqrt{(스팬/2)^2 + (스팬/2 \times 물매)^2}/2)$} ×지붕면의 개수
$= 10 \times [\sqrt{(\frac{10}{2})^2 + (\frac{10}{2} \times \frac{4}{10})^2}]/2 \times 4$
$= 107.7m^2$ 이다.

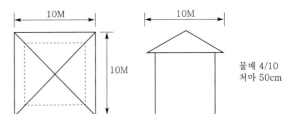

물매 4/10
처마 50cm

요점 정리 PART 03 공정 및 품질 관리

CHAPTER 01 총론

99, 94

001 공정표의 종류

① 횡선식 공정표 : 세로에 각 공정, 가로에 날짜를 잡고 공정을 막대그래프로 표시하고 공사 진척 상황을 기입하며, 예정과 실시를 비교하면서 관리하는 공정표

② 사선(절선)식 공정표 : 세로에 공사량, 총 인부 등을 표시하고, 가로에 월일, 일수 등을 표시하여 일정한 절선을 가지고 공사의 진행 상태를 수량적으로 나타낸 것으로, 각 부분의 공사의 상세를 나타내는 부분 공정표에 알맞고 노무자와 재료의 수배에 적합한 공정표이다.

③ 열기식 공정표 : 가장 간단한 공정표로 공사의 착수와 완료 기일, 재료 준비, 인부 수 및 재료의 주문 등을 글로 나열하는 방법으로 부분 공정표를 나타낼 때 사용하는 공정표이다.

④ 네트워크 공정표 : 각 작업의 상호관계를 네트워크로 표현하는 공정표이다.

97, 93

002 네트워크의 중요 요소

① 공정의 원칙   ② 단계의 원칙
③ 연결의 원칙   ④ 활동의 원칙

02, 99

003 횡선식 공정표의 특성

횡선식 공정표 : 세로에 각 공정, 가로에 날짜를 잡고 공정을 막대그래프로 표시하고, 공사 진척 상황을 기입하며, 예정과 실시를 비교하면서 관리하는 공정표로 특성은 다음과 같다.

① 장점 : 각 공정별 착수와 종료일, 전체의 공정 시기와 각 공정별 공사를 확실히 알 수 있다.

② 단점 : 각 공정별 간의 상호 관계와 순서를 알 수 없고, 진행 상황을 확실히 알 수 없다.

14, 12, 98, 93, 92

004 네트워크 공정표의 특성

① 작성자 이외의 사람도 이해하기 쉽고, 공사의 진척 상황이 누구에게나 알려지게 된다.

② 작성과 검사에 특별한 기능이 요구된다.

③ 숫자화되어 신뢰도가 높으며, 전자계산기 이용이 가능하다.

④ 다른 공정표에 비해 익숙해지기까지 작성 시간이 필요하고, 진척 관리에 있어서 특별한 연구가 필요하다.

005 PERT와 CPM의 특징

구분	CPM	PERT
계획 및 사업의 종류	경험이 있는 반복 공사	경험이 없는 비반복 공사
소요 시간의 추정	시간 추정은 한 번(1점 추정)	소요 시간을 3가지 방법(3점 추정)
더미의 사용	사용 안 한다.	사용한다.
MCX(최소 비용)	핵심 이론	이론이 없다.
작업 표현	원으로 표현	화살표로 표현

17, 16, 15, 14, 13, 12, 11, 10, 09, 08, 07, 06, 05, 04, 02
01, 00, 99, 98, 97, 96, 95, 94

006 네트워크 공정표 용어

① 네트워크에서는 공기를 둘로 나누어 생각할 수 있는데, 그 하나는 미리 건축주로부터 결정된 공기로서 이것을 지정 공기라 하고, 다른 하나는 일정을 진행 방향으로 산출하여 구한 계산 공기인데, 이러한 두 공사 기간의 차이를 없애는 작업을 공기 조절이라 한다.

② PERT Network에서 Activity(작업, 프로젝트를 구성하는 작업 단위)는 하나의 Event에서 다음 Event로 가는 데 요하는 작업을 뜻하며, 시간을 소비하는 부분으로 물자를 필요로 한다.

③ CP(Critical Path, 크리티컬 패스) : 개시 결합점에서 종료 결합점에 이르는 가장 긴 패스 또는 네트워크 상에 전체 공기를 규제하는 작업 과정이다.

④ TF(Total Float) : 가장 빠른 개시 시각에 시작하여 가장 늦은 종료 시각으로 완료할 때 생기는 여유 시간으로 그 작업의 LFT- 그 작업의 EFT이다.

⑤ FF(Free Float) : 가장 빠른 개시 시각에 시작하여 후속하는 작업도 가장 빠른 개시 시각에 시작하여도 존재하는 여유 시간으로 후속 작업의 EST-그 작업의 EFT이다. 또는 각 작업의 지연 가능 일수이다.

⑥ 더미(Dummy) : 화살표형 네트워크에서 정상 표현으로 할 수 없는 작업 상호 관계를 표시하는 화살표로, 파선으로 표시한다. 또한, 명목상 더미의 종류에는 논리적(Logical)더미, 순번적(Numbering)더미 및 동시적(Relation)더미 등이 있다.

⑦ EST(Earliest Starting Time) : 작업을 시작할 수 있는 가장 빠른 시각

⑧ EFT(Earliest Finishing Time) : 가장 빠른 종료 시각으로 작업을 끝낼 수 있는 가장 빠른 시각이다.

⑨ LST(Latest Starting Time) : 가장 늦은 개시 시각으로 공기에 영향이 없는 범위에서 작업을 늦게 개시하여도 좋은 시각이다.

⑩ LFT(Latest Finishing Time) : 가장 늦은 종료 시각으로 공기에 영향이 없는 범위에서 작업을 늦게 종료하여도 좋은 시각이다.

⑪ 플로트(Float) : 작업의 여유 시간(공사 기간에 영향을 끼치지 않음)

⑫ 슬랙(Slack) : 결합점이 가지는 여유 시간

⑬ 작업 : 프로젝트를 구성하는 작업 단위이다.

⑭ ET(Earliest Time) : 가장 빠른 결합점 시각으로 최초의 결합점에서 대상의 결합점에 이르는 경로 중 가장 긴 경로를 통하여 가장 빨리 도달되는 결합점 시각이다.

⑮ LT(Latest Time) : 가장 늦은 결합점 시각으로, 임의의 결합점에서 최종 결합점에 이르는 경로 중 시간적으로 가장 긴 경로를 통과하여 종료 시각에 맞출 수 있는 개시 시각이다.

007 네트워크 공정표 용어 중 여유의 종류

① FF(Free Float, 자유 여유)
② TF(Total Float, 총 여유)
③ DF(Dependent Float, 간섭 여유)
④ IF(Independent Float, 독립 여유)

008 직접 노무비, 간접 노무비 서술

① 직접 노무비 : 공사 현장에서 계약 목적물을 완성하기 위하여 작업에 종사하는 종업원, 노무자의 노동력의 대가로 지불한 것으로 기본급, 제수당, 상여금 및 퇴직급여 충당금 등이 있다.

② 간접 노무비 : 직접 공사 작업에 종사하지는 않으나, 공사 현장에서 보조 작업에 종사하는 종업원, 노무자 및 현장 감독자 등의 기본급, 제수당, 상여금 및 퇴직급여 충당금 등이 있다.

CHAPTER 02 공정표 작성

17, 16, 15, 14, 13, 12, 11, 08, 06, 01, 00, 99, 98, 97

001 공정표의 작성

① CPM 결합점의 일정 표기 방법
 ㉮ 전진 계산
  ㉠ 최초 결합점에서 0부터 시작하여 소요일수를 더해 나간다.
  ㉡ 결합점 앞의 선행 작업이 둘 이상인 경우에는 그 중에 더한 소요일수(□)가 많은 쪽의 값을 택한다.
  ㉢ 안쪽 부분에 표기한다. 예를 들면,
  △5 5
 ㉯ 역진 계산
  ㉠ 최종 결합점의 계산 공기일로부터 시작하여 소요일수를 빼나간다.
  ㉡ 결합점 뒤의 후속 작업이 둘 이상인 경우에는 그 중에 감한 소요일수(△)가 작은 쪽의 값을 택한다.

 ㉢ 바깥 부분에 표기한다. 예를 들면,
  △5 5
 ㉰ 결합점의 번호 순으로 진행한다.
 ㉱ 시작점에는 □로 표기하고, 종료점에는 △으로 표기하며, 결합점에는 △과 □의 순으로 표기한다.

② CPM 여유시간의 표기 방법
 ㉮ 작업의 순으로 진행한다.
 ㉯ 각 결합점의 일정 표기에 의해 산정하나, △와 □사이의 일정을 확인(최대값으로 표기하였으므로 그 결합점의 일정을 산정하여 표기한다.)하고, △에서 일정을 빼고, □에서 일정을 빼며, TF−FF=DF를 구한다.
 ㉰ TF, FF, DF의 순으로 ㄱ자 형태로 기입한다.
  ㉠ TF(전체여유, Total Float): 작업을 EST (Earliest Starting Time)에 시작하고, LFT(Latest Finishing Time)로 완료할 때 생기는 여유시간이다.

즉, TF=LFT−(EST+소요일수)=LFT−EFT

  ㉡ FF(자유여유, Free Float): 작업을 EST (Earliest Starting Time)로 시작한 다음 후속 작업도 EST(Earliest Starting Time)로 시작하여도 존재하는 여유시간이다.

즉, FF=후속작업의 EST−그 작업의 EFT

  ㉢ DF(종속여유, Dependent Float): 후속 작업의 전체여유(Total Float)에 영향을 미치는 여유시간이다. 즉, DF=TF−FF
  ㉣ 최종 결합점에 있어서는 TF를 표기하고, FF는 동일하게 표기하며, DF는 이 둘을 빼서 표기한다.

공기 단축

품질관리

(17, 16, 15, 11, 07)

001 비용 구배 및 추가 비용의 산정

① 비용 구배= $\dfrac{\text{특급 공사비}-\text{표준공사비}}{\text{표준 공기}-\text{특급 공기}}$ 이다.

② 공사 기간을 단축하기 위하여 비용 구배가 작은 것부터 공사 일수를 줄여나가야 한다.

(06, 02, 98, 96, 94)

001 품질 관리의 검사 순서

계획(Plan) → 실시(Do) → 검토(Check) → 조치(Action)의 순이다.

(99, 96)

002 관리의 수단 관리의 종류

① 인력(노무, Man)

② 장비(기계, Machine)

③ 자원(재료, Material)

④ 자금(경비, Money)

⑤ 관리, 시공법 등이다.

바야흐로, 우리들의 진정한 건축이란 그것이 새로운 예술
가와 가치 있는 국민성에 의해 만들어진 순간에, 비로소
'우리들의 것'이 된다고 생각하게 된 것이다.

- Ragnar Ostberg -

CHAPTER 01 가설 공사

001
13①, 92, 95

실내 시공에서 간단히 조립할 수 있는 강관틀비계의 중요 부품을 3가지를 쓰시오. (3점)

✓ 정답 및 해설 강관틀비계의 중요 부품

① 수평틀(수평연결대)   ② 수직틀(단위틀)   ③ 교차 가새

002
11③, 02①

다음 강관비계 설치 시 부속 철물 종류 3가지를 쓰시오. (3점)

✓ 정답 및 해설 강관비계의 부속 철물

① 베이스(밑받침)   ② 커플링(틀비계의 연결철물)   ③ 이음철물

003
14①, 97

가설공사 중 단관 파이프로 외부 쌍줄비계를 설치하고자 한다. 일반적인 공사 순서를 나열하시오. (4점)

보기

① Base plate 설치   ② 비계기둥 설치   ③ 장선 설치
④ 바닥 고르기   ⑤ 소요자재의 현장 반입   ⑥ 띠장 설치

✓ 정답 및 해설 외부 쌍줄비계의 공사 순서

소요 자재의 현장 반입 → 바닥 고르기 → 베이스 플레이트 설치 → 비계기둥의 설치 → 띠장의 설치 → 장선의 설치의 순이다. 즉, ⑤ → ④ → ① → ② → ⑥ → ③

004

15②, 09③, 98, 95, 94

가설공사에 사용되는 다음 용어를 설명하시오. (4점)

① 달비계 :
② 커플링(coupling) :

✓ **정답 및 해설** 용어 설명

① 달비계 : 달비계는 높은 곳에서 실시되는 철골의 접합 작업, 철근의 조립, 도장 및 미장 작업 등에 사용되는 비계로서 와이어로프를 매단 권양기에 의해 상하로 이동하는 비계이다.
② 커플링 : 단관 파이프비계 설치 시 비계기둥, 띠장, 가새 등을 연결할 때 사용하는 강관비계의 부속 철물(강관비계의 연결철물)이다.

005

01①, 98, 95, 94

다음 그림과 같은 통나무비계의 명칭을 쓰시오. (4점)

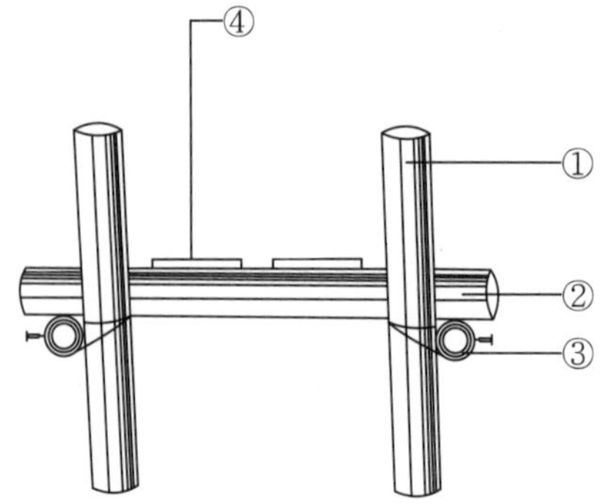

✓ **정답 및 해설** 통나무비계의 명칭

① 비계기둥 ② 장선 ③ 띠장 ④ 비계발판

006

97

다음은 통나무비계에 관한 설명이다. (   ) 안에 알맞은 말을 쓰시오. (4점)

비계의 재료에 따른 분류 중 통나무비계의 가새는 (①) 방향으로 설치하고, 간격은 수평거리 (②)m 내외, 벽체와의 연결 간격은 수평 (③)m, 수직 (④) 이내로 한다.

✓ **정답 및 해설** 통나무비계

① 45°, ② 14, ③ 7.5, ④ 5.5

007

다음은 통나무비계에 관한 설명이다. ( ) 안에 알맞은 말을 쓰시오. (4점)

> 비계용 통나무는 길이 (①)mm, 끝마구리 지름은 (②)cm 정도로 썩음, 갈램 및 굽지 않은 (③) 등을 사용하며 결속선은 (④)을 사용한다.

✔ 정답 및 해설

① 7,200　② 3.5　③ 낙엽송, 삼나무　④ 아연도금 철선 #8~10

008

다음 비계와 용도가 서로 관련된 것을 연결하시오. (4점)

> ① 외줄비계　　　　　　　　(가) 고층 건물의 외벽에 중량의 마감공사
> ② 쌍줄비계　　　　　　　　(나) 설치가 비교적 간단하고 외부 공사에 이용
> ③ 틀비계　　　　　　　　　(다) 45m 이하의 높이로 현장 조립이 용이
> ④ 달비계　　　　　　　　　(라) 외벽의 청소 및 마감 공사에 많이 이용
> ⑤ 말비계(발돋음)　　　　　(마) 내부 천장 공사에 많이 이용
> ⑥ 수평비　　　　　　　　　(바) 이동이 용이하며, 높지 않은 간단한 내부 공사

✔ 정답 및 해설 비계의 용도

①-(나)　②-(가)　③-(다)　④-(라)　⑤-(바)　⑥-(마)

009

비계의 용도에 대하여 3가지를 쓰시오. (3점)

✔ 정답 및 해설 비계의 용도

① 본 공사의 원활한 작업과 작업의 용이　② 각종 재료의 운반　③ 작업자의 작업 통로

010
11①, 99, 97, 92

건축 공사용 비계의 종류 5가지를 쓰시오. (3점)

✔ 정답 및 해설 건축 공사용 비계의 종류

① 외줄비계　② 쌍줄비계　③ 틀비계　④ 달비계　⑤ 말비계(발돋음)

011

14②, 12①

다음 〈보기〉에서 설명하는 비계 명칭을 쓰시오. (3점)

> ① 건물 구조체가 완성된 다음 외부 수리 등에 쓰이며, 구조체에서 형강재를 내밀어 로프로 작업대를 고정한 비계 (   )
> ② 도장 공사, 기타 간단한 작업을 할 때 건물 외부에 한 줄 기둥을 세우고 멍에를 기둥 안팎에 매어 발판 없이 발 디딤을 할 수 있는 비계 (   )
> ③ 철관을 미리 사다리 또는 우물 정자 모양으로 만들어 현장에서 짜 맞추는 비계 (   )

✔ 정답 및 해설 비계의 명칭

① 달비계 ② 겹비계 ③ 강관틀비계

012

17②, 10②, 05①, 01②, 99, 93

공사 규모에 따른 외부 비계의 종류 3가지를 쓰시오. (3점)

✔ 정답 및 해설 외부 비계의 종류

① 외줄비계 ② 쌍줄비계 ③ 겹비계

013

04③

파이프 비계의 연결철물 종류 3가지를 쓰시오. (3점)

✔ 정답 및 해설 파이프 비계의 연결철물

① 마찰형 ② 전단형 ③ 조임형

014 다음 ( ) 안에 알맞은 말을 쓰시오. (6점)

① 가설 공사 중에서 강관 비계기둥의 간격은 띠장 방향으로 (㉮)이고 간사이 방향으로 (㉯)로 한다.
② 가새의 수평 간격은 (㉰) 내외로 하고 각도는 (㉱)로 걸쳐대고 비계기둥에 결속한다.
③ 띠장의 간격은 (㉲) 내외로 하고 지상 제1띠장은 지상에서 (㉳) 이하의 위치에 설치한다.

✔ **정답 및 해설**

㉮ 1.5~1.8m   ㉯ 0.9~1.5m   ㉰ 14m   ㉱ 45°   ㉲ 1.5m   ㉳ 2m

015 시멘트의 창고 저장 시 저장 및 관리 방법에 관한 내용이다. ( ) 안을 채우시오. (2점)

① 시멘트 저장 시 창고는 방습적이어야 하고 바닥에서 ( )cm 이상 떨어져 쌓아야 한다.
② 단시일 사용분 이외의 것을 ( ) 포대 이상을 쌓아서는 안 된다.

✔ **정답 및 해설** 시멘트의 창고 저장 시 저장 및 관리방법

① 30   ② 13

CHAPTER 02 조적 공사

001

16③, 12③, 11②, 11③, 06③, 05③, 02③, 98, 96, 94

조적 공사 후에 발생하는 백화현상의 방지 대책 3가지를 쓰시오. (3점)

✔ 정답 및 해설 백화현상의 정의 및 방지 대책

(가) 정의

백화(시멘트·벽돌·타일 및 석재 등에 하얀 가루가 나타나는 현상) 현상은 시멘트 중의 수산화칼슘이 공기 중의 탄산가스와 반응하여 생기는 현상이다.

(나) 백화 현상의 원인

① 1차 백화 : 줄눈 모르타르의 시멘트 산화칼슘이 물과 공기 중의 이산화탄소와 결합하여 발생하는 백화로서 물청소와 빗물 등에 의해 쉽게 제거된다.

② 2차 백화 : 조적 중 또는 조적 완료 후 조적재에 외부로부터 스며 든 수분에 의해 모르타르의 산화칼슘과 벽돌의 유황분이 화학 반응을 일으켜 나타나는 현상이다.

(다) 백화 현상의 방지 대책

① 양질의 벽돌을 사용하고, 모르타르를 충분히 채우며, 빗물이 스며들지 않게 한다.

② 파라핀 도료를 발라 염류가 나오는 것을 방지한다.

③ 차양이나 루버 등으로 빗물을 차단한다.

002

15③, 14②, 13②, 10②, 06③, 05②, 04①, 02①, 92

벽돌 공사에서 공간쌓기의 효과 3가지를 쓰시오. (3점)

✔ 정답 및 해설 벽돌의 공간쌓기의 효과

① 단열 ② 방습 ③ 방음

003

14③, 12③, 98

벽돌쌓기의 종류(형식) 4가지를 쓰시오. (4점)

✔ 정답 및 해설 벽돌쌓기의 종류(형식)

① 영식 쌓기 ② 화란식(네덜란드) 쌓기 ③ 불식(프랑스) 쌓기 ④ 미식 쌓기

004

다음 보기의 벽돌쌓기와 서로 관련된 것을 연결하시오. (4점)

보기

① 영식 쌓기   ② 불식 쌓기   ③ 미식 쌓기   ④ 화란식 쌓기

(가) 한 켜는 마구리쌓기, 한 켜는 길이쌓기로 하고 이오토막을 사용한다.
(나) 표면에 치장벽돌로 5켜 길이쌓기, 1켜는 마구리쌓기로 쌓는다.
(다) 길이쌓기 모서리 층에 칠오토막을 사용한다.
(라) 길이쌓기와 마구리쌓기가 번갈아 나오게 쌓는 방식이다.

✔ 정답 및 해설 벽돌쌓기의 종류

(가)–①(영식 쌓기)   (나)–③(미식 쌓기)   (다)–④(화란식 쌓기)   (라)–②(불식 쌓기)

005

다음 아래 벽돌쌓기법에 대하여 설명하시오. (4점)

① 영식 쌓기 :
② 화란식 쌓기 :

✔ 정답 및 해설 벽돌쌓기 방법

① 영식 쌓기 : 서로 다른 아래·위 켜(입면상으로 한 켜는 마구리쌓기, 다음 한 켜는 길이쌓기로 번갈아)로 쌓고, 통줄눈이 생기지 않으며 내력벽을 만들 때에 많이 이용되는 벽돌쌓기법이다. 특히, 모서리 부분에 반절, 이오토막 벽돌을 사용하며 통줄눈이 생기지 않게 하려면 반절을 사용하여야 한다. 가장 튼튼한 쌓기 방법이다.
② 화란(네덜란드)식 쌓기 : 한 면의 모서리 또는 끝에 칠오토막을 써서 길이쌓기의 켜를 한 다음에 마구리쌓기를 하여 마무리하고 다른 면은 영국식 쌓기로 하는 방식으로, 영식 쌓기 못지않게 튼튼하다.

006

조적 공사의 벽돌 치장쌓기 중 엇모 쌓기에 대하여 간략히 설명하시오. (2점)

✔ 정답 및 해설 엇모 쌓기

엇모 쌓기는 45° 각도로 모서리가 면에 나오도록 쌓고, 담이나 처마 부분에 사용하고, 벽면에 변화감을 주며, 음영 효과를 낼 수 있다.

007

15②

영롱쌓기에 대하여 간략히 쓰시오. (2점)

✓ 정답 및 해설 영롱쌓기

영롱 쌓기는 벽돌 면에 구멍을 내어 쌓고, 장막벽이며, 장식적인 효과가 있다.

008

17②, 95, 97

다음 벽돌쌓기 시 주의사항 5가지를 쓰시오. (5점)

✓ 정답 및 해설 벽돌쌓기 시 주의사항

① 벽돌을 쌓기 전에 충분히 물을 축여 놓아 모르타르가 잘 붙어 굳는 데 지장이 없도록 하여야 한다. 단, 시멘트벽돌은 미리 축여 놓으면 손상될 수 있으므로 축여 놓은 후 말려서 사용한다.

② 하루 벽돌의 쌓는 높이는 1.5m(20켜) 이하 보통 1.2m(17켜) 정도로 하고, 모르타르가 굳기 전에 큰 압력이 가해지지 않도록 하여야 한다.

③ 하루 일이 끝날 때에 켜가 차이가 나면 층단 들여쌓기로 하여 다음 날의 일과 연결이 가능하도록 한다.

④ 모르타르는 정확한 배합으로 시멘트와 모래만 잘 섞고, 쓸 때마다 물을 부어 잘 반죽하여 쓰도록 하며 굳기 시작한 모르타르는 사용하지 않아야 한다.

⑤ 규준틀에 의해 가로 벽돌 나누기를 정확히 하되, 토막 벽돌이 나오지 않도록 하고, 고정 철물을 미리 묻어둔다.

009

12①

벽돌조 건물에서 시공상 결함에 의해 생기는 균열 원인 3가지를 쓰시오. (3점)

✓ 정답 및 해설 벽돌조 건물에서 시공상 결함에 의해 생기는 균열 원인

① 벽돌 및 모르타르의 강도 부족과 신축성

② 벽돌 벽의 부분적 시공 결함과 이질재와의 접합부

③ 장막벽의 상부와 모르타르 바름의 들뜨기

010

13③, 06②, 97

조적조 벽돌 벽의 균열 원인 중 설계(계획) · 시공상의 문제점 4가지를 쓰시오. (4점)

✓ 정답 및 해설 벽돌 벽의 균열 원인

㈎ 설계(계획) 상 결함

① 기초의 부동 침하

② 건물의 평면 · 입면의 불균형 및 벽의 불합리 배치

③ 불균형 또는 큰 집중하중·횡력 및 충격

④ 벽돌 벽의 길이·높이·두께와 벽돌 벽체의 강도

⑤ 문꼴 크기의 불합리·불균형 배치

(나) 시공 상 결함

① 벽돌 및 모르타르의 강도 부족과 신축성

② 벽돌 벽의 부분적 시공 결함

③ 이질재와의 접합부

④ 장막벽의 상부

⑤ 모르타르 바름의 들뜨기

95

011

다음 벽돌 벽에 홈파기에서 (   ) 안에 알맞은 숫자를 쓰시오. (4점)

> 가로 홈의 깊이는 벽 두께의 (①) 이하로 하며, 가로 홈의 길이는 (②)m 이하로 한다. 세로 홈의 길이는 층높이의 (③) 이하로 하며, 깊이는 벽 두께의 (④) 이하로 한다.

✔정답 및 해설 **벽돌 벽 홈파기**

① 1/3   ② 3   ③ 3/4   ④ 1/3

14②

012

다음 벽돌 마름질의 명칭을 쓰시오. (2점)

①
0.5

②
0.5

③
0.75

④
0.25

✔정답 및 해설 **벽돌 마름질의 명칭**

① 반절   ② 반 토막   ③ 칠오토막   ④ 이오토막

013

12②, 07①

외벽이 1.0B, 내벽이 0.5B, 단열재가 50mm일 때 벽체의 총 두께는 얼마인가? (2점)

✔ 정답 및 해설 벽돌 벽의 두께

벽돌 벽의 두께＝1.0B＋50mm＋0.5B＝190mm＋50mm＋90mm＝330mm이다.

014

04②

바닥벽돌 깔기법 3가지를 쓰시오. (3점)

✔ 정답 및 해설 바닥벽돌 깔기법

① 평(면)깔기 ② 옆세워(마구리)깔기 ③ 반절(모서리)깔기

015

16①

시멘트벽돌의 압축강도 시험 결과 벽돌이 142KN, 140KN, 138KN에서 파괴되었다. 이때 시멘트벽돌의 평균 압축강도를 구하시오. (단, 벽돌의 단면적은 190mm×90mm) (3점)

✔ 정답 및 해설 시멘트 벽돌의 압축강도 시험

① $\sigma_1 = \dfrac{압축\ 강도}{단면적} = \dfrac{142,000}{190 \times 90} = 8.30 N/mm^2 = 8.3 MPa$

② $\sigma_2 = \dfrac{압축\ 강도}{단면적} = \dfrac{140,000}{190 \times 90} = 8.19 N/mm^2 = 8.19 MPa$

③ $\sigma_3 = \dfrac{압축\ 강도}{단면적} = \dfrac{138,000}{190 \times 90} = 8.07 N/mm^2 = 8.07 MPa$

그러므로, ①, ② 및 ③에 의해서

벽돌의 평균 압축강도$(\sigma) = \dfrac{\sigma_1 + \sigma_2 + \sigma_3}{3} = \dfrac{8.3 + 8.19 + 8.07}{3} = 8.19 N/mm^2 = 8.19 MPa$이다.

016

13①

다음 그림을 보고 조적줄눈의 명칭을 쓰시오. (3점)

① 　② 　③

✔ 정답 및 해설 조적줄눈의 명칭

① 민줄눈 ② 엇빗줄눈 ③ 내민줄눈

017

다음 아래의 그림은 벽돌의 줄눈 형태이다. 알맞은 명칭을 쓰시오. (3점)

① ② ③

✔정답 및 해설 조적줄눈의 명칭

① 볼록줄눈 ② 내민줄눈 ③ 엇빗줄눈

018

다음은 조적 공사에 사용되는 줄눈의 형태이다. 맞는 것끼리 짝지으시오. (4점)

① ② ③ ④

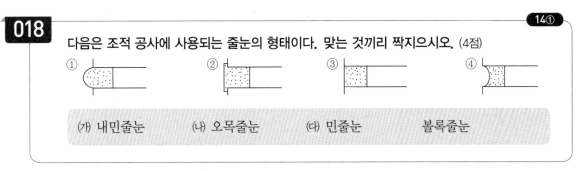

| ㈎ 내민줄눈 | ㈏ 오목줄눈 | ㈐ 민줄눈 | 볼록줄눈 |

✔정답 및 해설 조적줄눈의 형태 및 명칭

①-㈑(볼록줄눈) ②-㈎(내민줄눈) ③-㈐(민줄눈) ④-㈏(오목줄눈)

019
15①, 03②, 00, 97, 94

다음 아래 그림은 조적조 줄눈의 형태이다. 해당하는 명칭을 쓰시오. (5점)

① ② ③

④ ⑤

✔ **정답** 조적조 줄눈의 명칭

① 평줄눈 ② 내민줄눈 ③ 엇빗줄눈 ④ v형줄눈 ⑤ 내민둥근줄눈

✔ **해설**

민줄눈　　빗줄눈　　빗줄눈　　V형줄눈　　파낸줄눈　　평줄눈

홈줄눈　　오목줄눈　　파즙줄눈　　둥근줄눈　　볼록줄눈

020
08①, 06②

다음 줄눈의 단면 형태를 그림(제도 용구 사용하지 않음. 프리핸드)으로 나타내시오. (4점)

① 볼록줄눈　　　② 내민줄눈

③ 민줄눈　　　　④ 오목줄눈

✔ **정답 및 해설**

① 볼록줄눈 ② 내민줄눈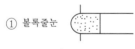

③ 민줄눈 ④ 오목줄눈

021

조적 공사에서 사용되는 치장줄눈의 종류 5가지를 쓰시오. (5점)

✔정답 및 해설 **치장줄눈의 종류**

① 평줄눈 ② 민줄눈 ③ 볼록줄눈 ④ 오목줄눈 ⑤ 빗줄눈 ⑥ 엇빗줄눈 ⑦ 내민줄눈 등

022

아치쌓기에 대한 설명이다. (   ) 안에 알맞은 말을 쓰시오. (3점)

> 벽돌의 아치쌓기는 상부에서 오는 하중을 아치축선에 따라 (①)으로 작용하도록 하고, 아치 하부에 (②)이 작용하지 않도록 하는데 이 때 아치의 모든 줄눈은 (③)에 모이도록 한다.

✔정답 및 해설 **아치쌓기**

① 압축력 ② 인장력 ③ 원호 중심

023

아치의 형태와 의장 효과가 서로 관련된 것을 연결하시오. (4점)

보기

① 결원아치(Segmental Arch) ② 평아치(Jack Arch)
③ 반원아치(Roman Arch) ④ 첨두아치(Gothic Arch)

(개) 자연스러우며 우아한 느낌
(내) 변화감 조성
(대) 이질적인 분위기 조성
(래) 경쾌한 반면 엄숙한 분위기 연출

✔정답 및 해설 **아치 형태와 의장 효과**

(개)-③(반원아치) (내)-①(결원아치) (대)-②(평아치) (래)-④(첨두아치)

024

16①, 12③

아치쌓기의 종류(형식) 4가지를 나열하시오. (4점)

✓ 정답 및 해설 아치쌓기의 종류(형식)

① 본아치 ② 막만든아치 ③ 거친아치 ④ 층두리아치

025

10①

다음 블록 구조에 대해 설명하시오. (6점)

① 블록장막벽 :
② 보강블록조 :
③ 거푸집블록조 :

✓ 정답 및 해설 용어 설명

① 블록장막벽 : 주체 구조체(철근 콘크리트조나 철골 구조 등)에 블록을 쌓아 벽을 만들거나 단순히 칸을 막는 정도로 쌓아 상부에서의 힘을 직접 받지 않는 벽으로, 라멘 구조체의 벽에 많이 사용한다.
② 보강블록조 : 블록의 빈 속에 철근과 콘크리트를 부어 넣은 것으로서, 수직 하중·수평 하중에 견딜 수 있는 구조로 가장 이상적인 블록 구조이며 4~5층의 대형 건물에도 이용한다.
③ 거푸집블록조 : ㄱ자형, ㄷ자형, T자형, ㅁ자형 등으로 살 두께가 얇고 속이 없는 블록을 콘크리트의 거푸집으로 사용하고, 블록 안에 철근을 배근하여 콘크리트를 부어 넣어 벽체를 만든 것이다.

026

09①

다음 블록의 명칭을 쓰시오. (4점)

① 용도에 의해 블록의 형상이 기본 블록과 다르게 만들어진 블록의 총칭 (   )
② 창문틀의 위에 쌓아 철근과 콘크리트를 다져 넣어 보강하게 된 U자형블록 (   )
③ 기건 비중이 1.9 이상인 속빈 콘크리트블록 (   )
④ 창문틀 옆에 잘 맞게 제작된 특수형블록 (   )

✓ 정답 및 해설 블록의 명칭

① 이형블록 ② 인방블록 ③ 중량블록 ④ 창쌤블록

027

다음 이형블록의 사용 위치를 간략히 쓰시오. (3점)

① 창대 블록-(   )
② 인방 블록-(   )
③ 창쌤 블록-(   )

✔ **정답 및 해설** **이형블록의 사용 위치**

① 창틀 아래   ② 창틀 위   ③ 창틀 옆

028

블록쌓기 시 줄눈의 두께는 얼마가 적당한가? (2점)

✔ **정답 및 해설** **줄눈의 두께**

블록 쌓기 시 줄눈의 두께는 10mm이다.

029

콘크리트 블록 설치 시 (   ) 안에 알맞은 말을 쓰시오. (4점)

1일 쌓기 높이는 (①)m, (②)켜, (③)의 살이 위로 가게 하며, 쌓기용 모르타르 배합비는 (④)이다.

✔ **정답 및 해설** **콘크리트 블록 설치**

① 1.5   ② 7   ③ 두꺼운 쪽   ④ 1 : 3

030

다음은 블록 공사에 대한 설명이다. (   ) 안에 알맞은 말을 쓰시오. (3점)

현재 사용하고 있는 기본형 블록의 규격은 길이 390mm이고, 높이는 (①)mm이다. 블록 소요량은 줄눈 간격을 10mm로 할 때 정미량은 1m²당 (②)매이며, 할증률을 포함할 경우 (③)매이다.

✔ **정답 및 해설** **블록 공사**

① 190,   ② 12.5,   ③ 13

031 〔19②, 12②, 10①, 01①, 96〕

다음 조적 벽체의 용어를 설명하시오. (2점)

① 내력벽 :
② 장막벽 :
③ 중공벽 :

✔ 정답 및 해설 용어 설명

① 내력벽 : 수직하중(위층의 벽, 지붕, 바닥 등)과 수평하중(풍압력, 지진 하중 등) 및 적재 하중(건축물에 존재하는 물건 등)을 받는 중요한 벽체이다.
② 장막벽(커튼 월, 칸막이벽) : 내력벽으로 하면 벽의 두께가 두꺼워지고 평면 모양 변경 시 불편하므로 이를 편리하도록 하기 위하여 상부의 하중(수직, 수평 및 적재 하중 등)을 받지 않고 벽체 자체의 하중만을 받게 한 벽체이다.
③ 중공벽 : 공간 쌓기와 같은 벽체로서 단열, 방음, 방습 등의 효과가 우수하도록 벽체의 중간에 공간을 두어 이중벽으로 쌓은 벽체이다.

032 〔08②〕

( ) 안에 알맞은 말을 쓰시오. (3점)

건물의 상부 하중을 받아 기초에 전달하는 벽을 (①), 자체의 하중만 받는 벽을 (②), 공간을 띄우고 방음, 방습, 단열을 위해 이중으로 설치하는 벽을 (③)이라 한다.

✔ 정답 및 해설

① 내력벽 ② 장막벽(칸막이벽) ③ 중공벽(이중벽)

033 〔05③, 02③〕

보강 블록조 시공 시 반드시 사춤 모르타르를 채워 넣어야 할 부위 4곳을 쓰시오. (3점)

✔ 정답 및 해설 사춤 모르타르의 사용처

① 벽체의 끝부분 ② 벽의 모서리 ③ 벽의 교차부 ④ 개구부의 주위(문꼴의 갓둘레)

034 건축재료 중 석재의 대표적인 장점 2가지를 쓰시오. (2점)

✔ **정답 및 해설** 석재의 장점

① 압축강도가 크고, 불연, 내구, 내마멸, 내수성이 있다.
② 아름다운 외관과 풍부한 양이 생산된다.

035 ( ) 안에 알맞은 특성의 석재를 〈보기〉에서 찾아 쓰시오. (3점)

보기

점판암, 화강암, 사암, 응회암, 화산암, 대리석

(가) 산이나 열에 약해서 실외 용도로는 사용하지 못한다. (①)
(나) 화산이 분출하여 응고된 것으로 가공은 용이하나 강도가 작다. (②)
(다) 진흙이 침전하여 압력을 받아 경화된 것으로 지붕 등에 쓰임 (③)

✔ **정답 및 해설** 석재의 특성

① 대리석 ② 응회암 ③ 점판암

036 ( ) 안에 알맞은 말을 〈보기〉에서 찾아 쓰시오. (3점)

보기

| ① 점판암 | ② 대리석 | ③ 화강암 |
| ④ 사암 | ⑤ 응회암 | ⑥ 안산암 |

(가) 석회석이 변화한 것으로 실내 장식용으로 많이 사용하는 것 ( )
(나) 내구성 및 강도가 강하고 대재를 얻기 힘든 것 ( )
(다) 재질이 치밀하고 지붕 외부에 사용하는 것 ( )

✔ **정답 및 해설** 석재의 특성

(가)-②(대리석) (나)-⑥(안산암) (다)-①(점판암)

037

( ) 안에 알맞은 말을 〈보기〉에서 찾아 쓰시오. (3점)

보기

화강암, 편마암, 대리석, 응회암, 점판암

① 석회석이 변화되어 결정화한 것으로 강도는 매우 높지만 내화성이 낮고 풍화되기 쉬우며 산에 약하기 때문에 실외용으로 적합하지 않다. ( )
② 석질이 치밀하고 박판으로 채취할 수 있으므로 슬레이트 지붕, 외벽 등에 쓰인다. ( )
③ 화산에서 분출된 마그마가 급속히 냉각되어 가스가 방출하면서 응고된 다공질의 유리질로 부석이라고 불리며 경량콘크리트, 골재, 단열재로 사용된다.

✔ **정답 및 해설** 석재의 특성

① 대리석 ② 점판암 ③ 응회암

038

다음 〈보기〉의 암석 중 화성암을 찾아 쓰시오. (3점)

보기

① 화강암 ② 석면
③ 석회암 ④ 현무암
⑤ 안산암 ⑥ 대리석
⑦ 점판암

✔ **정답 및 해설** 석재의 분류

① 화강암 ④ 현무암 ⑤ 안산암

039

대리석의 갈기 공정에 대한 마무리 종류를 (　　)안에 쓰시오. (3점)

① (　　) : #180 카버런덤 숫돌로 간다.
② (　　) : #220 카버런덤 숫돌로 간다.
③ (　　) : 고운 숫돌, 숫가루를 사용, 원반에 걸어 마무리한다.

✔ **정답 및 해설**　대리석의 갈기 공정

① 거친갈기　② 물갈기　③ 본갈기

040

다음의 건축공사 중 표준시방서에 따른 대리석 공사의 보양 및 청소에 관한 설명 중 (　　)
안에 알맞은 내용을 선택하여 ○로 표시하시오. (3점)

(예시 : 바탕 면과 석재 뒷면과의 띄움 간격은(30 / 50)을 표준으로 한다.)
① 설치 완료 후 (마른 / 젖은) 걸레로 청소한다.
② (산류 / 알칼리류)는 사용하지 않는다.
③ 공사 완료 후 인도 직전에 모든 면에 걸쳐서 (마른 / 젖은) 걸레로 닦는다.

✔ **정답 및 해설**　대리석 공사의 보양 및 청소

① 마른　② 산류　③ 마른

041

〈보기〉의 석재가공 표면 마무리 순서를 바르게 나열하시오. (3점)

보기

① 잔다듬　② 물갈기　③ 메다듬　④ 정다듬　⑤ 도드락다듬

✔ **정답 및 해설**　석재가공의 표면 마무리

① 혹두기(메다듬, 쇠메) → ② 정다듬(정) →③ 도드락다듬(도드락 망치) → ④ 잔다듬(양날 망치) → ⑤
물갈기(숫돌, 기타) 순이다. 또는 Gang Saw 절단 → 표면 처리 → 자르기 → 마무리 → 운반의 순이다.
즉, ③ → ④ → ⑤ → ① → ②

042 15③

다음은 석재의 가공 순서이다. (　　) 안에 알맞은 순서를 〈보기〉에서 고르시오. (4점)

보기

표면처리, 마무리, 자르기

Gang saw 절단 → (①) → (②) → (③) → 운반

✔ **정답 및 해설** 석재가공의 표면 마무리

① 혹두기(메다듬, 쇠메) → ② 정다듬(정) →③ 도드락다듬(도드락 망치) → ④ 잔다듬(양날 망치) → ⑤ 물갈기(숫돌, 기타) 순이다. 또는 Gang Saw 절단 → 표면 처리 → 자르기 → 마무리 → 운반의 순이다. 즉, ① 표면 처리 ② 자르기 ③ 마무리

043 94

석재의 가공순서를 나열하시오. (5점)

✔ **정답 및 해설** 석재가공의 표면 마무리

① 혹두기(메다듬, 쇠메) → ② 정다듬(정) →③ 도드락다듬(도드락 망치) → ④ 잔다듬(양날 망치) → ⑤ 물갈기(숫돌, 기타) 순이다. 또는 Gang Saw 절단 → 표면 처리 → 자르기 → 마무리 → 운반의 순이다.

044 17②

〈보기〉의 석재의 표면 가공에 따른 적절한 사용 공구를 서로 연결하시오. (3점)

보기

① 메다듬　　　② 정다듬　　　③ 도드락다듬
④ 잔다듬　　　⑤ 물갈기

(가) 날망치 – (　　)　　　(나) 도드락망치 – (　　)
(다) 금강사 – (　　)　　　(라) 쇠메 – (　　)
(마) 망치와 정 – (　　)

✔ **정답 및 해설** 석재가공의 표면 마무리

(가)–④(잔다듬) (나)–③(도드락 다듬) (다)–⑤(물갈기) (라)–①(메다듬) (마)–②(정다듬)

045

10②

석재 가공이 완료되었을 때 가공 검사 항목 4가지를 쓰시오. (4점)

✔ 정답 및 해설 석재의 가공 완료 후 검사 항목

① 직각 바르기(모서리와 측면 등)검사 ② 전면의 평활도 검사
③ 다듬기 면의 상태 검사 ④ 마무리 치수의 정확도 검사

046

18①, 16①

조적 공사시 세로 규준틀에 기입해야 할 사항 4가지를 쓰시오. (4점)

✔ 정답 및 해설 세로 규준틀 기입 사항

① 조적재의 줄눈 표시와 켜의 수 ② 창문 및 문틀의 위치와 크기
③ 앵커 볼트 및 나무 벽돌의 위치 ④ 벽체의 중심 간의 치수와 콘크리트의 사춤 개소

047

18③, 15①

줄눈대의 사용 및 설치 목적 2가지를 쓰시오. (2점)

✔ 정답 및 해설 줄눈의 사용 및 설치 목적

① 균열의 분산 및 방지 ② 치장적인(외부의 미려함) 효과

048

16③

조적조에서 테두리보를 설치하는 목적 3가지를 쓰시오. (3점)

✔ 정답 및 해설 테두리보 설치 목적

① 횡력에 대한 벽면의 직각 방향 이동으로 인해 발생하는 수직 균열을 방지하기 위하여 강력한 테두리
   보를 설치한다.
② 세로철근의 끝을 정착할 필요가 있다.
③ 분산된 벽체를 일체로 연결하여 하중을 균등히 분산시킨다.
④ 집중하중을 받는 조적재를 보강한다.

049

12②

다음 돌쌓기의 종류 5가지를 쓰시오. (5점)

✔ 정답 및 해설 돌쌓기의 종류

① 바른층쌓기 ② 허튼층쌓기 ③ 층지어쌓기 ④ 막쌓기 ⑤ 완자쌓기

001

93

실내마감 목 공사인 수장 공사에 사용하는 부재에 요구되는 사항 4가지를 쓰시오. (4점)

✔ **정답 및 해설** **목공사용 부재**

① 목재를 충분히 건조시켜 변형을 방지할 수 있어야 한다.

② 목재의 흠이 없고, 무늬의 아름다움을 가지고 있어야 한다.

③ 목재의 건조 수축에 의한 변형이 없어야 한다.

④ 목재의 함수율이 낮아야 한다.

002

95

다음 그림은 나무의 모접기이다. 〈보기〉에서 알맞은 것을 골라 연결하시오. (4점)

(가)　　　(나)　　　(다)

(라)　　　(마)　　　(바)

보기

① 실 모	② 둥근 모	③ 쌍사 모접기
④ 계눈 모접기	⑤ 큰 모접기	⑥ 뺨 모접기

✔ **정답 및 해설** **나무의 모접기**

(가)−③(쌍사 모접기)　(나)−①(실 모)　(다)−②(둥근 모)　(라)−④(계눈 모접기)　(마)−⑤(큰 모접기)　(바)−⑥(뺨 모접기)

003

13②, 11②, 02②, 00

다음 그림은 나무 모접기이다. 〈보기〉에서 알맞은 것을 골라 연결하시오. (4점)

(가)

(나)

(다)

(라)

보기

① 큰 모접기

② 실 모접기

③ 쌍사 모접기

④ 뺨 모접기

✔ 정답 및 해설 나무의 모접기

(가)-③(쌍사 모접기) (나)-①(큰 모접기) (다)-②(실 모접기) (라)-④(뺨 모접기)

004

97

목 공사에 사용하는 모접기의 종류 4가지를 쓰시오. (4점)

✔ 정답 및 해설 나무의 모접기

① 쌍사 모접기 ② 실 모접기 ③ 둥근 모접기 ④ 게눈 모접기 ⑤ 큰 모접기

005

00, 98, 95, 94, 92

다음 (   ) 안에 알맞은 수치를 쓰시오. (4점)

목재의 함수율은 수장재인 경우 (①), 구조재는 (②)가 알맞다.

✔ 정답 및 해설 목재의 함수율

① 15% ② 20%

006

06③

다음 나무의 절건중량이 400g이며, 함수중량은 500g이다. 이때 나무의 함수율을 구하시오.
(3점)

✔ **정답 및 해설** 목재의 함수율 산정

목재의 함수율$(\%) = \dfrac{함수중량}{전건(절건)중량} \times 100(\%) = \dfrac{W_1 - W_2}{W_2} \times 100(\%)$ 이다.

그러므로, 목재의 함수율 $= \dfrac{W_1 - W_2}{W_2} \times 100(\%) = \dfrac{500 - 400}{400} \times 100 = 25\%$

007

11③, 00

10cm 각, 길이 2m인 나무의 무게가 15kg일 때, 나무의 함수율을 구하시오. (단, 나무의 비중은 0.5이다.) (5점)

✔ **정답 및 해설** 목재의 함수율 산정

목재의 함수율$(\%) = \dfrac{함수중량}{전건(절건)중량} \times 100(\%) = \dfrac{W_1 - W_2}{W_2} \times 100(\%)$ 이다.

그런데, 목재의 절건중량(W_2)

$\qquad$ =목재의 절건 비중×목재의 부피$= 0.5 \times (0.1 \times 0.1 \times 2) = 0.01 m^3 = 10kg$

$W_1 = 15kg, \ W_2 = 10kg$ 이다.

그러므로, 목재의 함수율$= \dfrac{W_1 - W_2}{W_2} \times 100(\%) = \dfrac{15 - 10}{10} \times 100 = 50\%$

008

98, 95

다음 나무의 절건중량이 250g이며 함수중량은 400g이다. 이때 나무의 함수율을 구하시오.

(4점)

✔ **정답 및 해설** 목재의 함수율 산정

목재의 함수율$(\%) = \dfrac{함수중량}{전건(절건)중량} \times 100(\%) = \dfrac{W_1 - W_2}{W_2} \times 100(\%)$ 이다.

그런데, $W_1 = 400g, \ W_2 = 250g$ 이다.

그러므로, 목재의 함수율$= \dfrac{W_1 - W_2}{W_2} \times 100(\%) = \dfrac{400 - 250}{250} \times 100 = 60\%$

009

〔13①, 11①〕

다음 목재에 대한 용어를 간략히 설명하시오. (4점)

① 널결
② 곧은결
③ 엇결

✔ **정답 및 해설** 용어 설명

① 널결 : 나이테에 접선 방향으로 켠 목재 면에 나타난 곡선형의 나뭇결로서 변형되기 쉬우며, 외관을 중요시하는 장식재로 사용된다.
② 곧은결 : 나이테에 직각 방향으로 켠 목재 면에 나타난 평행 상의 나뭇결로서, 수축 변형이 적고 마모율도 적어 구조재로 쓰인다.
③ 엇결 : 나무 섬유 세포가 꼬여 나뭇결이 어긋나게 나타나는 경우의 목재이다.

010

〔99, 96〕

다음 도면은 목재의 단면이다. $\overline{AB}$구간 연륜밀도는 얼마인가? (3점)

✔ **정답 및 해설** 연륜밀도

연륜밀도는 나이테의 개수에 대한 나이테의 길이

즉, 연륜밀도 = $\dfrac{\text{나이테의 길이}}{\text{나이테의 개수}}$ 이다.

그러므로, 연륜 밀도 = $\dfrac{\text{나이테의 길이}}{\text{나이테의 개수}} = \dfrac{100}{7} = 14.29\text{mm/개}$ 이다.

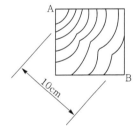

011

〔07③, 95〕

목 공사에서 대패질을 마무리하는 정도에 따라 3가지로 구분하여 쓰시오. (3점)

✔ **정답 및 해설** 대패질의 마무리

① 막대패질 : 제재목 등을 초벌로 거칠게 임시로 밀어 깎는 데 사용하는, 막대패로 미는 대패질
② 중대패질 : 거칠게 대패질한 다음에 약간 곱게 미는, 중대패로 미는 대패질
③ 마무리대패질 : 목재의 면을 곱고 매끈하게 밀어 깎는, 마무리대패로 미는 대패질

10②, 06①, 95

012

( ) 안에 마룻널 이중 깔기 순서를 쓰시오. (3점)

동바리 → (①) → (②) → 밑창널 깔기 → (③) → 마룻널 깔기

✔ **정답 및 해설** 마룻널 이중 깔기 순서

① 멍에 ② 장선 ③ 방습지 또는 방수지 깔기

03③

013

마룻널 이중 깔기의 순서를 나열하시오. (4점)

보기

① 장선 　　　　　 ② 방수지 깔기 　　　　 ③ 마룻널 깔기
④ 밑창널 깔기 　　 ⑤ 멍에 　　　　　　　 ⑥ 동바리

✔ **정답 및 해설** 마룻널 이중 깔기 순서

마룻널 이중 깔기의 순서는 동바리 → 멍에 → 장선 → 밑창널 깔기 → 방습지 또는 방수지 깔기 → 마룻널 깔기의 순이다. 그러므로 ⑥ → ⑤ → ① → ④ → ② → ③이다.

18②, 14③

014

다음은 목조 2층 마루 중 짠 마루의 시공 순서이다. 순서대로 나열하시오. (4점)

보기

작은 보, 장선, 큰보, 마루널

✔ **정답 및 해설** 짠 마루의 시공 순서

짠 마루는 큰 보위에 작은 보를 걸고 그 위에 장선을 대고 마룻널을 깐 마루이다. 즉, 큰 보 → 작은 보 → 장선 → 마룻널의 순이다.

015

다음은 목공사의 단면 치수 표현법이다. (　　) 안에 알맞은 용어를 쓰시오. (3점)

> 목재의 단면을 표시하는 치수는 특별한 지침이 없는 경우 구조재, 수장재는 모두 (①)치수로 하고, 창호재, 가구재의 치수는 (②)치수로 한다. 또 제재목을 지정 치수대로 한 것을 (③) 치수라 한다.

✔ **정답 및 해설**　목재의 단면 치수

① 제재　② 마무리　③ 제재 정

016

다음 보기에서 목 공사의 순서를 번호로 나열하시오. (4점)

보기

① 마름질　　　　② 건조처리　　　　③ 바심질
④ 먹매김　　　　⑤ 세우기

✔ **정답 및 해설**　목공사의 순서

목공사의 순서는 건조처리 → 먹매김 → 마름질 → 바심질 → 세우기의 순이다. 즉, ② → ④ → ① → ③ → ⑤

017

다음 설명에 해당되는 용어를 기입하시오. (3점)

> ① 구멍 뚫기, 홈파기, 면접기 및 대패질로 목재를 다듬는 일 (　　　)
> ② 목재를 크기에 따라 각 부재의 소요 길이로 잘라내는 일 (　　　)

✔ **정답 및 해설**　용어 설명

① 바심질　② 마름질

018

05①

다음 설명하는 용어를 쓰시오. (4점)

(1) 창문을 창문틀에 다는 일 (①)
(2) 창호가 닫혔을 때 각종 선대 등 접하는 부분에 틈새가 나지 않도록 대어주는 것
(②)
(3) 미서기 또는 오르내리기 창이 서로 여며지는 선대 (③)
(4) 미닫이 여닫이의 상호 맞댄 면 (④)

✔ **정답 및 해설** 용어 설명

① 박배 ② 풍소란 ③ 여밈대 ④ 마중대

019

98, 92

다음 목 공사에 있어 바심질의 시공 순서를 〈보기〉에서 골라 번호로 기입하시오. (4점)

보기

① 필요한 번호, 기호 등을 입면에 기입
② 먹매김
③ 자르기와 이음, 맞춤, 장부 등을 깎아내기
④ 세우기
⑤ 세우기 순서대로 정리
⑥ 구멍파기, 홈파기, 대패질

✔ **정답 및 해설** 목공사의 바심질 시공 순서

먹매김 → 자르기와 이음, 맞춤, 장부 등을 깎아내기 → 구멍파기, 홈파기, 대패질 → 필요한 번호, 기호 등을 입면에 기입 → 세우기 순서대로 정리 → 세우기의 순이다. 즉, ② → ③ → ⑥ → ① → ⑤ → ④이다.

020

다음 목재의 먹매김 표시기호와 일치하는 것을 아래 〈보기〉에서 골라 번호를 쓰시오. (5점)

(가) 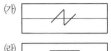   (나) 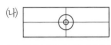   (다)

(라)    (마)    (바)

보기

① 중심 먹   ② 먹 지우기
③ 볼트 구멍   ④ 내다지 장부 구멍
⑤ 반 내다지 장부 구멍   ⑥ 절단
⑦ 북방향으로 위치   ⑧ 잘못된 먹매김 위치표시

✔ **정답 및 해설** 목재의 먹매김 표시기호

(가)-①(중심 먹), (나)-③(볼트 구멍), (다)-⑧(잘못된 먹매김 위치 표시), (라)-⑤(반 내다지 장부 구멍), (마)-④(내다지 장부 구멍), (바)-⑥(절단)

021

목구조에서 횡력에 대한 변형, 이동 등을 방지하기 위해 사용되는 부재 3가지를 쓰시오. (3점)

✔ **정답 및 해설** 횡력에 대한 변형, 이동 등의 방지 대책

① 가새   ② 버팀대   ③ 귀잡이

022

목구조에는 본 기둥이 (①), (②)이 있고, 본 기둥은 건물의 모서리, 건물의 모서리, 칸막이 벽과 교차부 또는 집중하중이 오는 위치에 두며, 벽이 될 때는 (③)m 간격으로 배치한다.

(3점)

✔ **정답 및 해설** 목재의 기둥

① 통재 기둥   ② 평기둥   ③ 1.8

023

'재질 상의 흠'을 의미하는 목재의 결함 4가지를 쓰시오. (4점)

✔ **정답 및 해설** 목재의 결함

① 갈래   ② 옹이   ③ 썩정이   ④ 껍질박이(입피)   ⑤ 상처

024

12①

다음은 목재의 연결철물에 관한 내용이다. (　　) 안에 알맞은 용어를 쓰시오. (4점)

> 듀벨은 (①)와 함께 사용하며, 듀벨은 (②)력에, (①)는 (③)력에 견디어 상호
> 작용하여 목재의 (④)을/를 방지한다.

✓ 정답 및 해설   목재의 연결철물

① 볼트 ② 전단 ③ 인장 ④ 파손

025

17③

목재의 연결철물의 종류 4가지만 쓰시오. (3점)

✓ 정답 및 해설   목재의 연결철물

① 못 ② 듀벨 ③ 안장쇠 ④ ㄱ자쇠 ⑤ 주걱볼트

026

15①

다음 아래 그림은 맞춤의 한 종류이다. 그 명칭을 쓰시오. (2점)

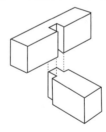

✓ 정답 및 해설   주먹장부 맞춤

027

각 보기와 관련있는 것을 골라 서로 짝지으시오. (4점)

보기

① 안장맞춤   ② 엇빗이음
③ 걸침턱   ④ 빗이음

(가) 반자틀, 반자살대 등에 쓰인다.
(나) 서까래, 지붕널 등에 쓰인다.
(다) 지붕보와 도리, 층보와 장선 등의 맞춤에 쓰인다.
(라) 평보와 ㅅ자보에 쓰인다.

✔ 정답 및 해설 **맞춤과 사용처**

(개)-②(엇빗이음),   (나)-④(빗이음),   (다)-③(걸침턱),   (라)-①(안장맞춤)

028

다음의 설명이 뜻하는 용어를 쓰시오. (3점)

직교되거나 경사로 교차되는 부재의 마무리가 보이지 않게 서로 45° 또는 맞닿는 경사각을 반으로 빗 잘라대는 맞춤을 말하며, 내부에 장부 또는 촉으로 보강하거나 옆에서 산지치기 또는 뒤에서 거멀못 등으로 보강한다.

✔ 정답 및 해설 **연귀맞춤**

029

다음은 목공사에 관한 설명이다. 설명에 알맞은 용어를 쓰시오. (2점)

보기

울거미재나 판재로 틀 짜기나 상자 짜기를 할 때 끝부분을 45°로 빗 잘라대는 맞춤으로, 모서리, 구석 등 마구리가 보이지 않도록 접합하는 것 (   )

✔ 정답 및 해설 **연귀맞춤**

030

목공사에 쓰이는 연귀맞춤에 대하여 간략히 기술하시오. (2점)

✓ 정답 및 해설 용어 설명

① 연귀맞춤은 직교되거나 경사로 교차되는 부재의 마무리가 보이지 않게 서로 45° 또는 맞닿는 경사 각을 반으로 빗 잘라대는 맞춤을 말하며, 내부에 장부 또는 촉으로 보강하거나 옆에서 산지치기 또 는 뒤에서 거멀못 등으로 보강한다.

② 연귀맞춤은 울거미재나 판재로 틀 짜기나 상자 짜기를 할 때 끝부분을 각 45°로 빗 잘라대는 맞춤 으로, 모서리, 구석 등 마구리가 보이지 않도록 접합하는 것이다.

031

목재의 연귀맞춤의 종류를 4가지만 쓰시오. (4점)

✓ 정답 및 해설 연귀맞춤의 종류

① 반연귀 ② 안촉연귀 ③ 밖촉연귀 ④ 안팎촉연귀

032

다음 목재의 접합에 대한 설명 중 (   ) 안에 알맞은 용어를 써넣으시오. (3점)

> 재의 길이 방향으로 두 재를 길게 접합하는 것 또는 그 자리를 (①)(이)라 하고, 재 가 서로 직각으로 접합하는 것 또는 그 자리를 (②)(이)라 한다. 또 재를 섬유방향 과 평행으로 옆 대어 넓게 붙이는 것을 (③)(이)라 한다.

✓ 정답 및 해설 목재의 접합

① 이음 ② 맞춤 ③ 쪽매

033

14①, 14②, 12③, 08②

다음 용어를 설명하시오. (4점)

① 이음 :
② 맞춤 :
③ 쪽매 :

✔ **정답 및 해설** 용어 설명

① 이음 : 부재의 길이 방향으로 두 부재를 길게 접하는 것 또는 그 자리이다.
② 맞춤 : 두 부재가 직각 또는 경사로 물려 짜이는 것 또는 그 자리이다.
③ 쪽매 : 좁은 폭의 널을 옆으로 붙여 그 폭을 넓게 하는 것 또는 재를 섬유 방향과 평행 방향으로 옆 대어 넓게 붙이는 것이다.

034

16①, 16③, 12①

목재의 이음 및 맞춤 시 시공상 주의사항을 4가지만 쓰시오. (4점)

✔ **정답 및 해설** 목재의 이음 및 맞춤 시 시공상 주의사항

① 될 수 있는 대로 응력이 적은 곳에서 접합하도록 한다.
② 복잡한 형태를 피하고 되도록 간단한 방법을 쓴다.
③ 접합되는 부재의 접촉면 및 따낸 면은 잘 다듬어서 틈이 생기지 않고, 응력이 고르게 작용하도록 한다.
④ 이음 및 맞춤의 단면은 응력의 방향에 직각되게 하여야 한다.

035

15①, 09②, 01③, 97

목재의 건조법 중 인공건조법 종류 3가지를 쓰시오. (3점)

✔ **정답 및 해설** 인공건조법의 종류

① 증기법 : 건조실을 증기로 가열하여 건조시키는 방법
② 열기법 : 건조실 내의 공기를 가열하거나 가열 공기를 넣어 건조시키는 방법
③ 훈연법 : 짚이나 톱밥 등을 태운 연기를 건조실에 도입하여 건조하는 방법
④ 진공법 : 원통형의 탱크 속에 목재를 넣고 밀폐하여 저온·저압 상태 하에서 수분을 빼내는 방법이다.

036

다음은 목재의 접합 명칭과 그의 용도를 나타낸 것이다. 알맞은 것을 골라 번호를 쓰시오. (4점)

보기

① 흙막이 널말뚝 ② 반자널

③ 마룻널 ④ 징두리판벽

(가) 빗 쪽매 (나) 오니 쪽매

(다) 틈막이대 쪽매 (라) 제혀 쪽매

✔ 정답 및 해설 목재의 접합과 사용처

㈎-②(반자널) ㈏-①(흙막이 널말뚝) ㈐-④(징두리판벽) ㈑-③(마룻널)

037

다음 마룻널 쪽매의 단면도이다. 쪽매의 명칭을 쓰시오. (5점)

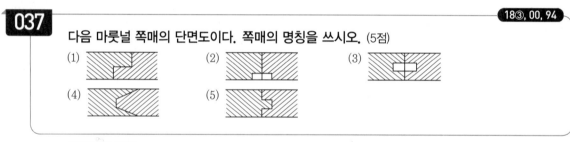

✔ 정답 및 해설 마룻널 쪽매

(1) 반턱 쪽매 (2) 틈막이 쪽매 (3) 딴혀 쪽매 (4) 오니 쪽매 (5) 제혀 쪽매

038

다음 목재의 쪽매를 그림으로 그리시오. (2점)

① 제혀 쪽매

② 오니 쪽매

✔ 정답 및 해설 마룻널 쪽매

① 제혀 쪽매   ② 오니 쪽매

039 `14①, 06③`

다음 쪽매의 그림을 그리시오. (3점)

① 반턱 쪽매 　　　② 제혀 쪽매 　　　③ 딴혀 쪽매

✔ **정답 및 해설** 마룻널 쪽매

① 반턱 쪽매 　② 제혀 쪽매 　③ 딴혀 쪽매

---

040 `16①`

목조 건물의 뼈대 세우기 순서를 쓰시오. (2점)

✔ **정답 및 해설** 목조 건물의 뼈대 세우기

목조 건물의 뼈대 세우기는 기둥 → 인방보 → 충도리 → 큰 보의 순이다.

---

041 `98`

목 공사에 관한 설명이다. ( ) 안에 알맞은 말을 넣으시오. (3점)

못의 길이는 판두께의 (①)배이고, 목재 1m³은 약 (②)재이다. 목재의 함수율은 수장재는 (③)%이며, 구조재는 20%이다.

✔ **정답 및 해설** 목 공사

① 3　② 300　③ 15

---

042 `18②, 01①`

공사 현장에서 쓰이는 공구에 대한 설명이다. 설명에 해당하는 공구의 이름을 쓰시오. (4점)

① 압축공기를 빌려 망치 대신 사용하는 공구
② 목재의 몰딩이나 홈을 팔 때 쓰는 연장

✔ **정답 및 해설** 공구의 명칭

① 타카　② 루터

043

다음 설명에 알맞은 용어를 쓰시오. (4점)

> (1) 계단의 한 디딤판의 너비
> (2) 계단의 한 단의 높이
> (3) 계단을 오르내릴 때 쉬어 가는 계단의 한 부분
> (4) 건물 내에 계단이 점유하고 있는 공간

✔ 정답 및 해설 **용어 설명**

(1) 단 너비 (2) 단 높이 (3) 계단참 (4) 계단실

044

목조 계단 설치 시공 순서를 〈보기〉에서 골라 번호로 쓰시오. (4점)

> 보기
>
> ① 난간두겁　　　　　　　　② 계단옆판, 난간 어미기둥
> ③ 난간동자　　　　　　　　④ 디딤판, 챌판
> ⑤ 1층 멍에, 계단참, 2층 받이보

✔ 정답 및 해설 **목조 계단의 설치 순서**

목조 계단의 설치 순서는 1층 멍에, 계단참, 2층 받이보 → 계단옆판, 난간 어미기둥 → 디딤판, 챌판 → 난간동자 → 난간두겁의 순이다. ⑤ → ② → ④ → ③ → ①이다.

045

목재의 방부제 중 유성 방부제의 종류를 3가지만 쓰시오. (3점)

✔ 정답 및 해설 **유성 방부제의 종류**

① 크레오소트 ② 콜타르 ③ 아스팔트 ④ 펜타클로로페놀

046

목재의 방부제 처리법 3가지를 쓰시오. (3점)

✔ 정답 및 해설 **방부제 처리법**

① 도포법 ② 침지법 ③ 상압 주입법 ④ 가압 주입법

047 합판의 특징을 4가지만 쓰시오. (4점)

✔ **정답 및 해설** 합판의 특징

① 합판은 판재에 비하여 균질이고, 목재의 이용률을 높일 수 있다.

② 베니어를 서로 직교시켜서 붙인 것으로, 잘 갈라지지 않으며 방향에 따른 강도의 차가 작다.

③ 베니어는 얇아서 건조가 빠르고 뒤틀림이 없으므로 팽창과 수축을 방지할 수 있다.

④ 아름다운 무늬가 되도록 얇게 벗긴 단판을 합판의 양쪽 표면에 사용하면, 값싸게 무늬가 좋은 판을 얻을 수 있다.

048 다음이 설명하는 용어를 쓰시오. (3점)

> 목재의 작은 조각 소편으로 합성수지 접착제를 첨가하여 열압, 제판한 보드로 선반 등 가구 제작에 주로 쓰인다.

✔ **정답 및 해설** 파티클 보드

049 다음 용어 설명에 맞는 재료를 쓰시오. (2점)

> 목재의 부스러기를 합성수지와 접착제를 섞어 가열, 압축한 판재

✔ **정답 및 해설** 파티클 보드

050 집성목재의 장점 3가지를 쓰시오. (3점)

✔ **정답 및 해설** 집성목재의 장점

① 목재의 강도를 인공적으로 자유롭게 조절할 수 있다.

② 응력에 따라 필요한 단면을 만들 수 있으며, 필요에 따라서 아치와 같은 굽은 용재를 사용할 수 있다.

③ 길고 단면이 큰 부재를 간단히 만들 수 있다.

051

다음 용어 설명에 맞는 재료를 쓰시오. (3점)

① 3매 이상의 단면을 1매마다 섬유 방향에 직교하도록 겹쳐 붙인 것 (   )
② 목재의 부스러기에 합성수지와 접착제를 섞어 가열, 압축한 판재 (   )
③ 주원료는 섬유질로, 이를 섬유화, 펄프화하여 접착제를 섞어 판으로 만든 것 (   )

✔ 정답 및 해설 용어 설명

① 합판 ② 파티클 보드 ③ 섬유판

창호 및 유리 공사

001
06②

경금속 창호 중 알루미늄새시는 스틸새시에 비하여 강도가 (①) 내화성이 (②)하지만, 비중은 철의 (③)이고 녹슬지 않으며 사용연한이 길다. 또한, 콘크리트, 모르타르, 회반죽 등의 알칼리성에 대단히 약하다. (3점)

✔ **정답 및 해설** 알루미늄새시

① 작고   ② 약   ③ 1/3

002
19②, 11①, 05①, 95

알루미늄새시 시공 시 주의사항 3가지를 기술하시오. (3점)

✔ **정답 및 해설** 알루미늄새시 시공 시 주의사항

① 강제 창호에 비해 강도가 약하므로 취급 시 주의하여야 한다.
② 알루미늄은 알칼리성에 약하므로 모르타르, 콘크리트 및 회반죽과의 접촉을 피해야 한다.
③ 이질 금속과 접촉하면 부식이 발생하므로, 사용하는 철물을 동질의 재료를 사용하여야 한다.

003
02①, 97

다음 창호의 명칭을 쓰시오. (5점)

(가)   (나) 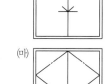   (다)

(라)   (마)

✔ **정답 및 해설**

(가) 들창   (나) 미서기창   (다) 회전창   (라) 미닫이창   (마) 쌍여닫이창

004

다음 설명에 알맞은 창호 철물을 쓰시오. (3점)

> ① 여닫이문의 위틀과 문짝에 설치하여 열린 문이 저절로 닫히도록 하는 장치
> ② 오르내리창을 잠그는데 사용하는 철물
> ③ 열린 문을 닫을 때 벽을 보호하고 문을 고정하는 장치

✔ **정답 및 해설** 창호 철물

① 도어 클로저(도어 체크) ② 크레센트 ③ 도어 스톱

005

다음 창호에 사용되는 창호 철물로 가장 대표적인 것 하나씩을 보기에서 골라 번호로 쓰시오.

(5점)

보기

> ① 플로어 힌지 ② 도르래 ③ 정첩
> ④ 지도리 ⑤ 레일

> (가) 미서기창 (나) 여닫이창 (다) 자재여닫이 중량문
> (라) 오르내리창 (마) 회전문

✔ **정답 및 해설** 창호 철물

(가)—⑤(레일) (나)—③(정첩) (다)—①(플로어 힌지) (라)—②(도르래) (마)—④(지도리)

006

다음 창호 철물 중 가장 관계가 깊은 것 하나씩을 보기에서 골라 그 번호를 쓰시오. (3점)

보기

① 레일 ② 정첩 ③ 도르래
④ 자유정첩 ⑤ 지도리

(가) 여닫이문 (나) 자재문
(다) 미닫이문 (라) 회전문

✔ **정답 및 해설** 창호 철물

(가)-②(정첩) (나)-④(자유정첩) (다)-①(레일) (라)-⑤(지도리)

007

창호 철물 중 가장 관계가 깊은 것 하나씩을 〈보기〉에서 골라 그 번호를 쓰시오. (4점)

보기

① 지도리 (1) 자재중량문
② 경첩 (2) 여닫이문
③ 레일 (3) 미닫이문
④ 자유경첩 (4) 회전문

✔ **정답 및 해설** 창호 철물

(1)-④(자유 경첩) (2)-②(경첩) (3)-③(레일) (4)-①(지도리)

008

02①

다음 창호에 사용되는 철물의 종류에 사용 개소가 맞는 것을 고르시오. (5점)

보기

① 자동닫이 장치
② 오르내리기창이나 미서기창
③ 개폐용 철물
④ 공중용 변소, 전화실 출입문
⑤ 무거운 자재문

(1) 정첩, 자유정첩
(2) 레버터리 힌지
(3) 도어 클로저
(4) 크레센트
(5) 플로어 힌지

✓ **정답 및 해설** 창호 철물

(1)-③(개폐용 철물) (2)-④(공중용 변소, 전화실 자재문) (3)-①(자동닫이 장치) (4)-②(오리내리창이나 미서기창) (5)-⑤(무거운 자재문)

009

09①

다음 보기의 설명에 해당하는 철물의 종류를 골라 번호로 쓰시오. (5점)

보기

① 도어 체크
② 도어 스톱
③ 레일
④ 크레센트
⑤ 플로어 힌지

(가) 미세기, 미닫이 창문의 밑틀에 깔아 대어 문바퀴를 구르게 하는 것 (   )
(나) 오르내리기 창을 잠그는데 사용 (   )
(다) 열려진 여닫이문이 저절로 닫히게 하는 장치 (   )
(라) 열려진 문을 받아 벽을 보호하고 문을 고정하는 장치 (   )
(마) 보통 경첩으로 유지할 수 없는 무거운 자재문에 사용 (   )

✓ **정답 및 해설** 창호 철물

(가)-③(레일) (나)-④(크레센트) (다)-①(도어 체크) (라)-②(도어 스톱) (마)-⑤(플로어 힌지)

010

강재 창호는 강판 또는 새시 바를 주재료로 하고 용접 또는 장부죔에 의하여 조립하는데 이것의 장점과 단점을 2가지씩 쓰시오. (4점)

(가) 장점 :

(나) 단점 :

✔ **정답 및 해설** 강재 창호의 용접 또는 장부죔의 장·단점

(가) 장점 : ① 강력한 조임과 용접으로 강도가 크다. ② 도난방지(보안)에 우수하다.

(나) 단점 : ① 철재의 증가로 무게가 무겁다. ② 부식의 우려가 있다.

011

건축 창호에 사용되는 유리의 종류 6가지를 쓰시오. (5점)

✔ **정답 및 해설** 유리의 종류

① 안전유리 ② 복층유리 ③ 자외선투과 유리 ④ 자외선흡수 유리 ⑤ 열선흡수 유리 ⑥ 형판유리

012

다음은 유리공사에 대한 설명이다. 이에 알맞은 용어를 보기에서 골라 번호를 쓰시오. (3점)

보기

① 복층유리 ② 강화유리 ③ 망입유리
④ 형판유리 ⑤ 접합유리

(가) 한 쪽 면에 무늬를 넣은 것

(나) 방도용 또는 화재, 기타 파손 시 산란하는 위험을 방지하기 위해 쓰인다.

(다) 보온, 방음, 결로에 유리하다.

✔ **정답 및 해설** 유리의 종류

(가)-④(형판유리) (나)-③(망입유리) (다)-①(복층유리)

013

16①, 08①

다음 설명에 알맞은 유리의 종류를 〈보기〉에서 골라 번호로 쓰시오. (3점)

보기

① 접합유리　　② 강화유리　　③ 열선흡수유리　　④ 열선반사유리

⑤ 자외선투과유리　⑥ 프리즘유리　⑦ 복층유리　　⑧ 자외선차단유리

(가) 단열성, 차음성이 좋고, 결로 방지용으로 우수하다. (　　)

(나) 투사광선의 방향을 변화시키거나 집중 또는 확산시킬 목적으로 만든 유리제품으로 지하실 또는 지붕 등의 채광용으로 사용된다. (　　)

(다) 단열유리라고도 하며, 담청색을 띠고 태양광선 중의 장파 부분을 흡수한다. (　　)

✔ **정답 및 해설** 유리의 종류

(가)-⑦(복층유리)　(나)-⑥(프리즘유리)　(다)-③(열선흡수유리)

014

11②

다음 유리에 관한 내용을 서로 상관관계가 있는 것끼리 연결하시오. (5점)

보기

① 접합유리　　　　② 프리즘유리　　　　③ 유리섬유

④ 유리블록　　　　⑤ 유리타일

(가) 벽돌 모양으로 된 중공 유리는 채광 및 의장성이 좋다.

(나) 2~3 장의 유리 사이에 합성수지를 끼워 접착한 유리

(다) 보온, 방음, 흡음 등의 효과가 있다.

(라) 투사광선의 방향을 변화시키거나 집중, 확산시킬 목적으로 사용

(마) 불투명의 두꺼운 판유리를 소형으로 자른 것

✔ **정답 및 해설** 유리의 종류

(가)-④(유리블록)　(나)-①(접합유리)　(다)-③(유리섬유)　(라)-②(프리즘유리)　(마)-⑤(유리타일)

015

다음 유리에 관한 내용을 서로 상관관계가 있는 것끼리 연결하시오. (5점)

보기

① 구조유리
② 프리즘유리
③ 유리섬유
④ 유리블록
⑤ 유리타일

(1) 한 면의 톱날에 흠이 있다.
(2) 투명 유리로, 열전도가 작고 상자형이다.
(3) 광택, 빛 흡수, 화학적 저항이 크다.
(4) 보온, 흡음, 방수의 효과가 크다.
(5) 불투명한 유리로서 장식 효과가 있다.

✔ **정답 및 해설** 유리의 종류

(1)-②(프리즘유리) (2)-④(유리블록) (3)-①(구조유리) (4)-③(유리섬유) (5)-⑤(유리타일)

016

다음 유리별 용도를 〈보기〉에서 1개씩 골라 연결하시오. (6점)

보기

(1) 갈은유리
(2) 부식유리
(3) 망입유리
(4) 합판유리
(5) 포도(유리)블록
(6) 복층유리

① 방화, 방도용
② 단열용
③ 거울용
④ 실내장식용
⑤ 지하실 채광용
⑥ 방탄용

✔ **정답 및 해설** 유리의 용도

(1)-③(거울용) (2)-④(실내 장식용) (3)-①(방화, 방도용) (4)-⑥(방탄용) (5)-⑤(지하실 채광용)
(6)-②(단열용)

017

한 면이 톱날 모양, 광선 조절 확산, 실내를 밝게 하는 유리

다음에서 설명하는 유리의 종류를 쓰시오. (4점)

> (1) 한 면이 톱날 모양, 광선 조절 확산, 실내를 밝게 하는 유리
> (2) 채광, 의장용 유리벽돌
> (3) 유리 중간에 금속망을 넣은 것

✔ **정답 및 해설** 유리의 종류

(1) 프리즘유리 (2) 유리블록 (3) 망입유리

018

다음 〈보기〉에서 설명하는 유리 재료들은 안전을 목적으로 한다. 해당 재료명을 쓰시오. (3점)

보기

> ① 방도용 또는 화재, 기타 파손 시 산란하는 위험을 방지하는 데 쓰인다.
> ② 성형판유리를 500~600℃로 가열하고 압착한 유리로, 열처리 후에는 가공이 불가능하다.
> ③ 물질의 노화와 변색을 방지하기 위해 사용되는 것으로 의류 진열장, 박물관 진열장 등에 쓰인다.

✔ **정답 및 해설**

① 망입유리 ② 강화유리 ③ 자외선차단유리

019

다음에서 설명하는 것과 관련된 것끼리 연결하시오. (4점)

(가) 두께 5mm의 반투명판 유리
(나) 2~3장의 유리판을 합성수지로 겹붙여 댄 것
(다) 보통 판유리보다 3~5배 강도가 큰 것
(라) 유리판 중간에 금속망을 넣은 것

보기

① 형판유리   ② 접합유리
③ 망입유리   ④ 강화유리

✔ **정답 및 해설** 유리의 특성

(가)-①(형판유리) (나)-②(접합유리) (다)-④(강화유리) (라)-③(망입유리)

020

다음은 유리재에 관한 설명이다. 알맞은 것을 〈보기〉에서 골라 쓰시오. (4점)

보기

강화유리,   유리블록,   망입유리,   복층유리

(가) 단열성, 차음성이 좋고 결로 방지용으로 우수하다. (   )
(나) 방도용 또는 화재용, 기타 파손 시 산란하는 위험을 방지하는데 쓰인다.
(　　)
(다) 투명유리로써 열전도가 작고 상자형이며, 계단실 채광용으로 쓰인다. (   )
(라) 파손 시 모가 작아 안전하고, 보통 유리에 비해 굽힘 강도가 3~5배 크다.
(　　)

✔ **정답 및 해설** 유리의 용도

(가) 복층유리 (나) 망입유리 (다) 유리블록 (라) 강화유리

021

다음은 유리공사에 관한 설명이다. 이에 알맞은 용어를 보기에서 골라 번호를 쓰시오. (3점)

보기

① 복층유리   ② 강화유리   ③ 망입유리

④ 형판유리   ⑤ 접합유리

(가) 한쪽 면에 각종 무늬를 넣은 것
(나) 방도용 또는 화재, 기타 파손 시 산란하는 위험을 방지하는데 쓰인다.
(다) 보온, 방음, 결로에 유리하다.

✓ 정답 및 해설 유리의 특성

(가)–형판유리   (나) 망입유리   (다) 복층유리

022

다음은 유리재에 관한 설명이다. 해당되는 유리 명칭을 쓰시오. (4점)

① 자외선을 흡수하여 다시 방출하지 않기 때문에 진열창, 식품, 약품 창고 등 변질 또는 변색의 우려가 있는 창문에 설치하면 좋은 유리이다.
② 건물 외부 유리와 내·외부 장식용으로 많이 쓰이며, 한 면에 세라믹 도료를 바르고 고온에서 용착시킨 유리로 휨강도가 보통 유리에 비해 3~5배 정도 강하다.

✓ 정답 및 해설 유리의 명칭

① 자외선차단(흡수) 유리   ② 스팬드럴 유리

023

다음 유리의 사용 용도를 적으시오. (3점)

① 프리즘유리
② 자외선차단유리
③ 자외선투과유리

✓ 정답 및 해설 유리의 용도

① 프리즘유리 : 투사광선의 방향을 변화시키거나 집중 또는 확산시킬 목적으로 만든 유리제품으로, 지

하실 또는 지붕 등의 채광용으로 사용한다.

② 자외선차단(흡수)유리 : 자외선 투과 유리의 반대로, 자외선을 흡수하여 다시 방출하지 않기 때문에 약 10%의 산화제이철(Fe_2O_3)을 함유하게 하고 그 밖에 금속 산화물(크롬, 망간 등)을 포함시킨 유리로서, 상점의 진열장, 용접공의 보안경 등에 쓰인다.

③ 자외선투과유리 : 산화제이철(Fe_2O_3 : 자외선을 차단하는 유리의 주성분)의 함유량을 극히 줄인 유리로서 온실 또는 병원의 일광욕실 등에 이용된다.

024

현장에서 절단이 가능한 다음 유리의 절단 방법에 대하여 서술하고, 현장에서 절단이 어려운 유리제품 2가지를 쓰시오. (4점)

① 접합유리 :
② 망입유리 :

✔ 정답 및 해설 유리의 특성

① 접합유리 : 투명 판유리 2~3장 사이에 아세테이트, 부틸셀룰로오스 등 합성수지 막을 넣어 합성수지 접착제로 접착시킨 유리로서, 깨지더라도 유리 파편이 합성수지 막에 붙어 있게 하여 파편으로 인한 위험을 방지(방탄의 효과)하도록 한 것이다. 유색 합성수지 막을 사용하면 착색 접합유리가 된다. 접합유리는 보통 판유리에 비해 투광성은 약간 떨어지나 차음성, 보온성이 좋은 편이다. 절단할 때에는 유리칼을 이용하여 양면의 유리 부분을 자르고, 일반 칼을 이용하여 필름을 절단한다.

② 망입유리 : 방소용 또는 화재, 기타 파손 시 산란하는 위험을 방지하기 위해 쓰이는 유리이다. 절단할 때에는 유리칼을 이용하여 양면의 유리 부분을 자르고, 반복적으로 접었다 폈다하여 철망 부분을 자른다.

025
14③, 10②

다음 설명에 해당하는 유리를 쓰시오. (3점)

보통 유리에 비하여 3~5배의 강도로써 내열성이 있어 200℃에서도 깨지지 않고, 일단 금이 가면 전부 작은 조각으로 깨지는 유리 (   )

✔ 정답 및 해설 강화유리

026 06②, 01②, 99

안전유리 중 강화유리의 특성을 4가지 기술하시오. (4점)

> ✔ 정답 및 해설 **강화유리의 특성**

① 강도는 보통 판유리보다 3~5배에 이르고, 충격 강도는 7~8배나 된다.
② 열처리에 의한 내응력 때문에 유리가 모래처럼 잘게 부서(파손 시 모가 작아)지므로 유리 파편에 의한 부상이 적다.
③ 열처리한 다음에는 가공(절단)이 불가능하다.
④ 200℃ 이상의 온도에서 견디므로 내열성이 우수하다.

027 12①

복층유리의 특징 3가지를 쓰시오. (3점)

> ✔ 정답 및 해설 **복층유리의 특징**

① 단열, 보온, 방한, 방서의 효과가 있다.
② 방음의 효과는 있으나, 차음의 효과는 거의 동일하다.
③ 결로 방지용으로 매우 우수하다.

028 16①

다음 용어를 설명하시오. (2점)

페어 글라스(Pair glass) :

> ✔ 정답 및 해설 **용어 설명**

복층 유리(Pair glass)는 유리 사이에 공간을 두고 둘레에는 틀을 끼워서 내부를 기밀하게 만든 유리로서 절단 불가능한 유리이며, 특성은 다음과 같다.
① 단열, 보온, 방한, 방서의 효과가 있다.
② 방음의 효과는 있으나, 차음의 효과는 거의 동일하다.
③ 결로 방지용으로 매우 우수하다.

029 18③, 17①, 17②,15①, 15②, 12①, 07②, 06①

안전유리를 3가지 쓰시오. (3점)

> ✔ 정답 및 해설 **안전유리의 종류**

① 접합(합판)유리 ② 강화유리 ③ 배강도유리

030

00

무늬유리의 품질기준을 4가지 쓰시오. (4점)

✔ 정답 및 해설 무늬유리의 품질기준

① 무늬 형태 및 상태 등 ② 유리 내부의 기포 발생 ③ 유리 내부의 이물질 ④ 미세한 균열 등

031

12③, 09③, 05②

유리 끼우기에 사용되는 고정재의 종류를 3가지 쓰시오. (3점)

✔ 정답 및 해설 유리 고정재의 종류

① 반죽 퍼티(퍼티, 코킹재 등) ② 나무 퍼티(졸대) ③ 고무 퍼티(실란트, 가스켓 등)

032

07①, 07②, 03②, 99, 96

유리 끼우기에 사용되는 퍼티의 종류 3가지를 쓰시오. (3점)

✔ 정답 및 해설 퍼티의 종류

① 반죽 퍼티(퍼티, 코킹재 등), ② 나무 퍼티, ③ 고무퍼티(실란트, 가스켓 등)

033

16②, 04②, 04③, 99, 96

유리를 끼우는 공법 3가지를 쓰시오. (3점)

✔ 정답 및 해설 유리를 끼우는 공법

① 반죽 퍼티 대기 ② 나무 퍼티 대기 ③ 고무 퍼티 대기 ④ 누름대 대기

034

05①

플로트 판유리의 검사 항목 4가지를 쓰시오. (4점)

✔ 정답 및 해설 플로트 판유리의 검사 항목

① 반곡(굴곡) ② 형상(직각도) ③ 겉모양(이물질, 기포 등) ④ 치수(길이, 폭, 두께 등)

CHAPTER 05 미장 공사

---

001 06②

다음 보기의 미장 재료 중 기경성 재료를 모두 골라 번호를 쓰시오. (3점)

보기

① 시멘트 모르타르 ② 회반죽 ③ 돌로마이트 플라스터
④ 석고 플라스터 ⑤ 회사벽

✓ 정답 미장 재료의 분류

②(회반죽) ③(돌로마이트 플라스터) ⑤회사벽

✓ 해설

구 분		분 류	고결재
수경성	시멘트계	시멘트 모르타르, 인조석, 테라초 현장바름	포틀랜드 시멘트
	석고계 플라스터	순석고, 혼합 석고, 보드용, 크림용 석고 플라스터, 킨스(경석고 플라스터) 시멘트	헤미수화물, 황산칼슘
기경성	석회계 플라스터	회반죽, 돌로마이트 플라스터, 회사벽	돌로마이트, 소석회
		흙반죽, 섬유벽, 아스팔트 모르타르	점토, 합성수지 풀
특수 재료		합성수지 플라스터, 마그네시아 시멘트	합성수지, 마그네시아

---

002 19②, 98, 95, 94

다음 미장 재료 중에서 수경성인 재료를 〈보기〉에서 골라 기호를 쓰시오. (4점)

보기

(1) 인조석 바름 (2) 시멘트 바름
(3) 회반죽 (4) 돌로마이트 플라스터

✓ 정답 및 해설 수경성의 미장 재료

① (인조석 바름) ② (시멘트 바름)

003 다음 미장 재료 중 수경성 재료를 고르시오. (3점)

① 석고 플라스터 ② 회반죽 ③ 돌로마이트 플라스터
④ 시멘트 모르타르 ⑤ 킨즈 시멘트

✔ **정답 및 해설** 수경성의 미장 재료

①(석고 플라스터) ④(시멘트 모르타르) ⑤(킨즈 시멘트(경석고 플라스터))

004 다음의 미장 재료 중 수경성 미장 재료를 고르시오. (3점)

① 석고 플라스터 ② 시멘트 바름 ③ 인조석 바름
④ 돌로마이트 플라스터 ⑤ 회반죽

✔ **정답 및 해설** 수경성의 미장 재료

①(석고 플라스터) ②(시멘트 바름) ③(인조석 바름)

005 다음 〈보기〉에서 수경성 미장 재료를 고르시오. (3점)

보기

① 돌로마이트 플라스터 ② 인조석 바름 ③ 시멘트 모르타르
④ 회반죽 ⑤ 킨즈 시멘트

✔ **정답 및 해설** 수경성의 미장 재료

②(인조석 바름) ③(시멘트 모르타르) ⑤(킨즈 시멘트(경석고 플라스터))

006 다음 〈보기〉에서 수경성 미장 재료를 고르시오. (3점)

보기

① 회반죽 ② 시멘트 모르타르 ③ 순석고 플라스터
④ 아스팔트 모르타르 ⑤ 돌로마이트 플라스터 ⑥ 경석고 플라스터

✔ **정답 및 해설** 수경성의 미장 재료

② 시멘트 모르타르 ③ 순석고 플라스터 ⑥ 경석고 플라스터(킨즈 시멘트)

007

각종 미장 재료를 다음과 같이 분류할 경우 분류에 해당하는 미장 재료명을 〈보기〉에서 골라 번호로 쓰시오. (4점)

보기

① 진흙질　　　　　　　　　② 순석고 플라스터
③ 회반죽　　　　　　　　　④ 돌로마이트 플라스터
⑤ 킨즈 시멘트　　　　　　　⑥ 아스팔트 모르타르
⑦ 시멘트 모르타르

(가) 기경성 미장 재료
(나) 수경성 미장 재료

✔ **정답 및 해설** 미장 재료의 분류

(가) 기경성의 재료 : ①(진흙질) ③(회반죽) ④(돌로마이트 플라스터) ⑥(아스팔트 모르타르)
(나) 수경성의 재료 : ②(순석고 플라스터) ⑤(킨즈 시멘트(경석고 플라스터)) ⑦(시멘트 모르타르)

008

다음 미장 재료 중 알칼리성을 띠는 재료를 〈보기〉에서 모두 골라 번호를 쓰시오. (3점)

보기

① 회반죽　　　　　② 돌로마이트 플라스터　　　③ 순석고 플라스터
④ 킨즈 시멘트　　　⑤ 시멘트 모르타르　　　　　⑥ 마그네시아 시멘트

✔ **정답 및 해설** 알칼리성의 미장 재료

①(회반죽)　②(돌로마이트 플라스터)　⑤(시멘트 모르타르)

009

다음은 미장 공사 시 사용되는 모르타르의 종류이다. 각각의 특성을 골라 연결하시오. (4점)

① 광택   ② 방사선 차단   ③ 착색
④ 내산성   ⑤ 단열   ⑥ 방수

(가) 백시멘트 모르타르 :
(나) 바라이트 모르타르 :
(다) 석면 모르타르 :
(라) 방수 모르타르 :
(마) 합성 수지계 모르타르 :
(바) 아스팔트 모르타르 :

✔ 정답 및 해설 **모르타르의 특성**

(가)-③(착색) (나)-②(방사선 차단) (다)-⑤(단열) (라)-⑥(방수) (마)-①(광택) (바)-④(내산성)

010

미장 바름의 종류를 4가지만 쓰시오. (4점)

✔ 정답 및 해설 **미장 바름의 종류**

① 시멘트 모르타르 ② 석고계(혼합, 보드용, 크림용, 경석고)플라스터 ③ 석회계(회반죽, 회사벽, 돌로마이트)플라스터 ④ 흙반죽, 섬유벽 등

011

다음에 설명하는 내용을 〈보기〉에서 골라 번호로 쓰시오. (3점)

보기

① 눈먹임　　　② 잣대 고르기　　　③ 규준대 고르기
④ 고름질　　　⑤ 덧먹임

(가) 바름 두께가 고르지 않거나 요철이 심할 때 초벌 바름 위에 발라 면을 고르게 하는 것 (　　)
(나) 바르기의 접합부 또는 균열의 틈새, 구멍 등에 반죽재를 밀어 넣어 때우는 것 (　　)
(다) 평탄한 바름면을 만들기 위하여 잣대로 밀어 고르거나 미리 발라둔 규준대 면을 따라 붙여서 요철이 없는 바름면을 형성하는 것 (　　)

✔ **정답 및 해설** 용어 설명

(가)-④(고름질)　(나)-⑤(덧먹임)　(다)-②(잣대 고르기)

012

다음 미장 공사에 사용되는 용어를 설명하시오. (4점)

① 바탕처리
② 덧먹임

✔ **정답 및 해설** 용어 설명

① 바탕처리 : 요철 또는 변형이 심한 개소를 고르게 손질바름하여 마감 두께가 균등하게 되도록 조정하고 균열 등을 보수하는 것. 또는, 바탕면이 지나치게 평활할 때에는 거칠게 처리하고 바탕면의 이물질을 제거하여 미장 바름의 부착이 양호하도록 표면을 처리하는 것.
② 덧먹임 : 바르기의 접합부 또는 균열의 틈새, 구멍 등에 반죽재를 밀어 넣어 때우는 것.

013

다음 보기의 공정을 순서대로 나열하시오. (3점)

보기

① 바탕처리　　　　② 초벌갈기 및 왁스칠　　③ 고름질
④ 정벌　　　　　　⑤ 재벌

✔ **정답 및 해설** 미장 공사의 공정

바탕처리 → 고름질 → 재벌 → 정벌 → 초벌갈기 및 왁스칠의 순이다.

즉, ① → ③ → ⑤ → ④ → ②

014

미장 공사의 치장 마무리 방법 4가지를 쓰시오. (4점)

✔ **정답 및 해설** 미장 공사의 치장 마무리 방법

① 흙손(쇠, 나무)마무리　② 솔칠 마무리　③ 색 모르타르 바름 마무리　④ 거친 면 마무리　⑤ 바름, 갈기 및 쪼아 내기 등

015

석고보드의 이음새 시공 순서를 보기에서 골라 쓰시오. (3점)

보기

① Tape 붙이기　　② 샌딩　　　　③ 상도
④ 중도　　　　　　⑤ 하도　　　　⑥ 바탕처리

✔ **정답 및 해설** 석고보드의 이음새 시공 순서

바탕처리 → 하도 → Tape(테이프) 붙이기 → 중도 → 상도 → 샌딩의 순이다.

즉, ⑥ → ⑤ → ① → ④ → ③ → ②의 순이다.

016　04②

다음은 미장 공사 중 석고 플라스터의 마감 시공 순서이다. 바르게 나열하시오. (3점)

① 초벌바름　　　　　　　　　　② 고름질
③ 재료반죽　　　　　　　　　　④ 재벌바름

✔정답 및 해설　석고 플라스터의 마감 시공 순서

바탕정리 → 재료 반죽 → 초벌바름 → 고름질 → 재벌바름 → 정벌바름의 순이다.
즉 ③ → ① → ② → ④

017　18③, 10①

다음은 미장 공사 중 석고 플라스터의 마감 시공 순서이다. (　　) 안에 알맞은 말을 쓰시오.
(4점)

보기

바탕정리 → (①) → (②) → 고름질 및 재벌바름 → (③)

✔정답 및 해설　석고 플라스터의 마감 시공 순서

① 재료 반죽　② 초벌 바름　③ 정벌바름

018　05③, 01②

석고보드의 사용 용도에 따른 분류 3가지를 쓰시오. (3점)

✔정답 및 해설　석고보드의 용도별 분류

① 일반 석고보드　② 방수 석고보드　③ 방화 석고보드　④ 기타 석고보드(방화·방수 석고보드, 차음 석고보드 등)

019　08②, 04①, 02①

석고보드 이음매 부분 형상에 따른 종류 2가지를 쓰시오. (2점)

✔정답 및 해설　석고보드의 이음매 부분 형상별 종류

① 평보드　② 데파드보드　③ 베벨드보드

시멘트 모르타르(mortar)의 바름 두께를 ( ) 안에 쓰시오. (4점)

(1) 바닥 : (①) (2) 안벽 : (②)
(3) 바깥벽 : (③) (4) 천장 : (④)

✔ 정답 및 해설 **시멘트 모르타르의 바름 두께**

부위	바닥	바깥벽	안벽	천정
두께(mm)	24		18	15

① 24mm ② 18mm ③ 24mm ④ 15mm

〈보기〉의 미장 공사 중 시멘트 모르타르 마감 순서를 바르게 나열하시오. (4점)

보기
① 고름질 ② 바탕처리 ③ 초벌바름 ④ 정벌바름 ⑤ 재벌바름

✔ 정답 및 해설 **시멘트 모르타르 마감의 순서**

바탕 처리 → 초벌 바름 → 고름질 → 재벌 바름 → 정벌바름의 순이다.
즉, ② → ③ → ① → ⑤ → ④ 이다.

022

〈보기〉의 모르타르 바르기 시공 순서를 바르게 나열하시오. (4점)

보기
① 모르타르 바름 ② 규준대 밀기 ③ 순시멘트풀 도포
④ 청소 및 물 씻기 ⑤ 나무흙손 고름질 ⑥ 쇠흙손 마감

✔ 정답 및 해설 **모르타르 바르기 시공 순서**

청소 및 물 씻기 → 순시멘트풀 도포 → 모르타르 바름 → 규준대 밀기 → 나무흙손 고름질 → 쇠흙손 마감의 순이다. 즉, ④ → ③ → ① → ② → ⑤ → ⑥의 순이다.

023

[98]

모르타르 바르기 시공 순서를 〈보기〉에서 골라 바르게 나열하시오. (4점)

보기

① 바탕 처리
② 벽 전체 넓은 부분 바르기
③ 들어간 부분 세우기
④ 졸대 세우기
⑤ 모서리 부분 바르기
⑥ 벽 보수하기

✔ 정답 및 해설 **모르타르 바르기 시공 순서**

벽 보수하기 → 바탕 처리 → 들어간 부분 세우기 → 졸대 세우기 → 벽 전체 넓은 부분 바르기 → 모서리 부분 바르기의 순이다. 즉, ⑥ → ① → ③ → ④ → ② → ⑤의 순이다.

024

[03②]

미장 공사 시 모르타르 바르기 순서를 보기에서 골라 번호를 쓰시오. (4점)

보기

① 바탕 청소
② 살붙임 바름
③ 천장, 벽면
④ 보수
⑤ 천장 돌림, 벽 돌림

✔ 정답 및 해설

바탕 청소 → 보수 → 살붙임 바름 → 천장 돌림, 벽 돌림 → 천장, 벽면의 순이다. 즉, ① → ④ → ② → ⑤ → ③의 순이다.

025

[96]

미장 공사 모르타르면 마무리 방법을 5가지만 쓰시오. (5점)

✔ 정답 및 해설 **모르타르면 마무리 방법**

① 시멘트 풀칠 마무리 ② 색 모르타르 마무리 ③ 뿜칠 마무리 ④ 솔칠 마무리 ⑤ 흙손 마무리

026

[05②, 04③, 93, 99]

건축물의 실내를 온통 미장 공사하려고 한다. 실내 3면의 시공 순서를 쓰시오. (3점)

✔ 정답 및 해설 **실내 3면 미장 시공 순서**

실내 온통 미장 공사 시 순서는 천장 → 벽 → 바닥의 순이다.

027

07①

다음 실내면의 미장 시공 순서를 기입하시오. (3점)

실내 3면의 시공은 (①), (②), (③)의 순서로 공사한다.

정답 및 해설 실내면의 미장 시공 순서

① 천장 ② 벽 ③ 바닥

028

16③, 05②, 02②, 97

바닥에 설치하는 줄눈대의 설치 목적을 2가지 쓰시오. (2점)

정답 및 해설 줄눈대의 설치 목적

① 신축 균열의 방지 ② 의장(치장)의 효과

029

00

다음은 미장 공사에 대한 기술이다. 알맞은 용어를 〈보기〉에서 골라 서로 연결하시오. (3점)

보기

① 메탈라스, 와이어라스 등의 바탕에 최초로 발라 붙이는 작업
② 방사선 차단용으로 시멘트, 바라이트 분말, 모래를 섞어 만든다.
③ 바르기의 접합부 또는 균열의 틈새, 구멍 등에 반죽된 재료를 밀어 넣는 작업

(가) 바라이트
(나) 라스먹임
(다) 덧먹임

정답 및 해설 미장 공사의 용어

(가) 바라이트－② (나) 라스먹임－① (다) 덧먹임－③

030

07③, 05③

다음은 미장 공사에 사용되는 특수 모르타르이다. 그 용도를 간략히 쓰시오. (3점)

> ① 아스팔트 모르타르 :
> ② 바라이트 모르타르 :
> ③ 질석 모르타르 :

✔ 정답 및 해설 **특수 모르타르의 용도**

① 내산, 방수용 ② 방사선 차폐용 ③ 단열 및 경량 구조용

031

15①, 10③

다음은 특수 미장 공법이다. 설명하는 내용의 공법을 쓰시오. (2점)

> ① 시멘트, 모래, 잔자갈, 안료 등을 반죽하여 바탕 마름이 마르기 전에 뿌려 바르는, 거친 면 마무리의 일종으로 인조석 바름이다. (   )
> ② 돌로마이트에 화강석 부스러기, 색모래, 안료 등을 섞어 정벌바름하고 충분히 굳지 않은 상태에서 표면을 거친 솔, 얼레빗 같은 것으로 긁어 거친 면으로 마무리하는 것 (   )

✔ 정답 및 해설 **특수 미장 공법**

① 러프 코트 ② 리신 바름

032

11①

회반죽의 재료 종류 4가지를 쓰시오. (4점)

✔ 정답 및 해설 **회반죽의 재료**

① 소석회 ② 모래 ③ 여물 ④ 해초풀

033

01②, 94

회반죽 바름 시 혼화제 4가지를 쓰시오. (4점)

✔ 정답 및 해설 **회반죽의 혼화제**

① 여물 ② 해초풀 ③ 골재 ④ 안료 및 혼화제

034

회반죽 시공에 대한 용어를 간단히 설명하시오. (4점)

① 수염 :
② 고름질 :

✔ **정답 및 해설** **용어 설명**

① 수염 : 회반죽의 졸대 바탕 등에 거리 간격 20~30cm 마름모형으로 배치하여 못을 박아대고 초벌바름과 재벌바름에 각각 한 가닥씩 묻혀 발라 바름벽이 바탕에서 떨어지는 것을 방지하는 역할을 하는 것으로, 풀이나 여물과는 다소 다르다.
② 고름질 : 바름 두께가 고르지 않거나 요철이 심할 때 초벌바름 위에 발라 면을 고르게 하는 것

회반죽에서 해초풀과 여물의 기능에 대하여 기술하시오. (4점)

① 해초풀
② 여물

✔ **정답 및 해설** **해초풀과 여물의 기능**

① 해초풀 : 물에 끓인 해초 용액을 체로 걸러 회반죽 등에 섞어 쓰는 풀로서, 살이 두껍고 잎이 작은 것이 풀기가 좋다.
② 여물 : 바름에 있어 재료의 끈기를 돋우고 재료가 처져 떨어지는 것을 방지하고 흙손질이 쉽게 퍼져 나가는 효과가 있으며, 바름 중에는 보수성을 향상시키고, 바름 후에는 건조에 따라 생기는 균열을 방지한다.

036

미장 재료에서 사용되는 여물 3가지를 쓰시오. (3점)

✔ **정답 및 해설** **여물의 종류**

① 짚여물 ② 삼여물 ③ 종이여물 ④ 털여물

037

다음 (   ) 안에 알맞은 것을 〈보기〉에서 골라 기호를 쓰시오. (4점)

보기

(1) 아래
(2) 위

미장 바르기 순서는 (①)에서부터 (②)의 순으로 한다. 또한, 벽타일 붙이기는
(③)에서부터 (④)의 순으로 한다.

✔ 정답 및 해설 **미장 바르기 순서**

①-(2)(위),   ②-(1)(아래),   ③-(1)(아래),   ④-(2)(위)

038

드라이비트의 시공상 유의사항 3가지를 쓰시오. (3점)

✔ 정답 및 해설 **드라이비트의 시공상 유의사항**

① 드라이비트 시공은 기온이 지나치게 높거나 낮으면(적정한 온도인 5~35℃ 사이에 시공) 시공 후 하
자가 발생할 수 있다.
② 시공을 하는 건축물의 벽면이 건조한 상태에서 시공을 하여야 한다.
③ 오염이 되지 않은 깨끗한 상태에서 하여야 한다.

타일 공사

001

다음 타일의 선정 및 선별에서 타일의 용도상 종류를 구별하여 3가지만 쓰시오. (3점)

✔ 정답 및 해설 타일의 용도상 종류

① 내장 타일 ② 외장 타일 ③ 바닥 타일 ④ 모자이크 타일

002

내부 바닥 타일이 가져야 할 성질 4가지를 쓰시오. (4점)

✔ 정답 및 해설 내부 바닥 타일의 성질

① 동해를 방지하기 위하여 흡수율이 작아야 한다.
② 자기질, 석기질의 타일이어야 한다.
③ 바닥 타일은 마멸, 미끄럼 등이 없어야 한다.
④ 외관이 좋아야 하고, 청소가 용이하여야 한다.

003

벽타일 붙이기 시공 순서를 보기에서 골라 그 번호를 쓰시오. (3점)

보기

① 타일 나누기　　　　　　　② 벽타일 붙이기
③ 바탕처리　　　　　　　　④ 치장줄눈 및 보양

✔ 정답 및 해설 벽타일 붙이기 시공 순서

바탕 처리 → 타일 나누기 → 벽타일 붙이기 → 치장줄눈 및 보양의 순이다.
즉, ③ → ① → ② → ④ 이다.

004

18①, 12①, 01①

다음은 벽타일 붙이기 시공 방법이다. 빈칸을 채우시오. (3점)

(①) → (②) → 벽타일 붙이기 → (③) → 보양

✔ 정답 및 해설 **벽타일 붙이기 시공 순서**

① 바탕 처리 ② 벽타일 나누기 ③ 치장줄눈

005

16③, 08②, 97

벽타일 붙이기 시공 순서를 쓰시오. (4점)

(①) - (②) - (③) - (④) - (⑤)

✔ 정답 및 해설 **벽타일 붙이기 시공 순서**

바탕 처리 → 벽타일 나누기 → 벽타일 붙이기 → 치장줄눈 → 보양의 순이다.

① 바탕 처리 ② 벽타일 나누기 ③ 벽타일 붙이기 ④ 치장줄눈 ⑤ 보양

006

96

바닥 플라스틱제 타일의 시공 순서를 다음 〈보기〉에서 골라 순서대로 기호를 쓰시오. (4점)

보기

① 프라이머 도포   ② 접착제 도포
③ 바탕 고르기   ④ 타일 붙이기

✔ 정답 및 해설 **바닥 플라스틱제 타일의 시공 순서**

바탕 고르기 → 프라이머 도포 → 접착제 도포 → 타일 붙이기의 순이다.

즉, (3) → (1) → (2) → (4)의 순이다.

007 `04①`

거푸집면 타일 먼저 붙이기 공법 3가지를 쓰시오. (3점)

✔ 정답 및 해설 **거푸집면 타일 먼저 붙이기 공법**

① 타일 시트 법 ② 줄눈 칸막이 법 ③ 졸대 법

008 `13②, 96`

타일 붙이기 공사에서 바탕처리 방법을 기술하시오. (4점)

✔ 정답 및 해설 **타일의 바탕처리 방법**

① 타일을 붙이기 전에 바탕의 들뜸, 균열 등을 검사하여 불량 부분은 보수한다.
② 타일을 붙이기 전에 불순물을 제거하고, 청소한다.
③ 여름에 외장 타일을 붙일 경우에는 하루 전에 바탕면에 물을 충분히 적셔둔다.
④ 타일 붙임 바탕의 건조 상태에 따라 뿜칠 또는 솔을 사용하여 물을 골고루 뿌린다.
⑤ 흡수성이 있는 타일에는 제조업자의 시방에 따라 물을 축여 사용한다.

009 `04①, 98`

다음 빈칸에 알맞은 말을 쓰시오. (4점)

> 타일 붙이기에 적당한 모르타르 배합은 경질 타일일 때 (①)이고, 연질 타일일 때
> (②)이며, 흡수성이 큰 타일일 때에는 필요시 (③) 하여 사용한다.

✔ 정답 및 해설 **타일 붙이기**

① 1 : 2 ② 1 : 3 ③ 가수

010 `05③`

타일 시공 시 타일나누기에 대한 주의 사항 3가지를 기술하시오. (3점)

✔ 정답 및 해설 **타일나누기에 대한 주의 사항**

① 벽과 바닥의 줄눈을 맞추기 위하여 동시(벽과 바닥)에 계획한다.
② 사용하는 타일은 가능한 온장을 사용하도록 하고, 토막 타일이 나오지 않도록 한다.
③ 배관 등의 매설물의 위치를 파악하여 이 부분에 대한 대비를 철저히 한다.
④ 평면 부분이 아닌 모서리 등의 부분에는 특수 형태의 타일을 사용한다.

011 97

타일 선정 시 고려해야 할 사항 3가지를 쓰시오. (3점)

✔ **정답 및 해설** 타일 선정 시 고려 사항
① 치수, 색깔, 형상 등이 정확하여야 한다.
② 흡수율이 작아 동결 우려가 없어야 한다.
③ 용도에 적합한 타일을 선정하여야 한다.
④ 내마모성, 충격 및 시유를 한 것이어야 한다.

012 10③

타일 시공 시 공법을 선정할 때 고려해야 할 사항을 3가지 쓰시오. (3점)

✔ **정답 및 해설** 타일 시공 공법 선정 시 고려 사항
① 박리를 발생시키지 않는 공법이고, 백화가 생기지 않을 것
② 마무리 정도가 좋고, 타일에 균열이 생기지 않을 것
③ 타일의 성질, 시공 위치 및 기후의 조건에 유의할 것

013 09②, 07③, 93

타일의 동해 방지법 2가지만 쓰시오. (3점)

✔ **정답 및 해설** 타일의 동해 방지법
① 흡수율이 작은 타일 또는 소성 온도가 높은 타일을 사용한다.
② 빗물의 침투를 방지하고, 모르타르 배합비를 정확하게 한다.

014 08①

타일공사에서 도면 또는 공사 시방서에 정한 바가 없을 때 타일 구분에 따른 타일 붙이기의 줄눈 너비를 쓰시오. (3점)

① 대형(외부) :
② 소형 :
③ 모자이크 :

✔ **정답 및 해설** 타일의 줄눈 너비
① 대형(외부) : 9mm ② 소형 : 3mm ③ 모자이크 : 2mm

015

다음 보기의 타일을 흡수성이 큰 순서대로 배열하시오. (4점)

보기

① 자기질   ② 토기질   ③ 도기질   ④ 석기질

✔ 정답 및 해설   **타일의 흡수성**

토기(20% 이상) → 도기(10% 이상) → 석기(3~10%) → 자기(0~1%)의 순이다. 즉, ② → ③ → ④ → ① 이다.

016

다음은 타일의 원료와 재질에 대한 설명이다. 알맞은 것을 고르시오. (3점)

보기

① 토기   ② 도기   ③ 석기   ④ 자기

㈎ 점토질의 원료에 석영, 도석, 납석 및 소량의 장석질을 넣어 1,000~3,000℃로 구워낸 것으로, 두드리면 둔탁한 소리가 나며 위생설비 등에 주로 쓰인다. (   )

㈏ 정제하지 않아 불순물이 많이 함유된 점토를 유약을 입히지 않고 700~900℃의 비교적 낮은 온도에서 한 번 구워낸 것으로, 다공성이며 기계적 강도가 낮다. (   )

㈐ 규석, 알루미나 등이 포함된 양질의 자토로 1,300~1,500℃의 고온에서 구워낸 것으로, 외관이 미려하고 내식성 및 내열성이 우수하여 고급 장식용 등에 사용된다.

✔ 정답 및 해설   **타일의 원료와 재질**

㈎-② 도기   ㈏-① 토기   ㈐-④ 자기

017

리놀륨 깔기 시공 순서를 보기를 보고 순서대로 나열하시오. (3점)

보기

① 바닥 정리   ② 마무리   ③ 임시 깔기
④ 정 깔기   ⑤ 깔기 계획

✔ 정답 및 해설   **리놀륨 깔기 시공 순서**

바닥 정리 → 깔기 계획 → 임시 깔기 → 정 깔기 → 마무리의 순이다. 즉, ① → ⑤ → ③ → ④ → ② 이다.

018

09③

바닥 플라스틱재 타일 붙이기 시공 순서에 맞게 (　　)에 해당하는 알맞은 내용을 쓰시오. (3점)

보기

바탕 건조 → (①) → 먹줄치기 → (②) → 타일 붙이기 → (③) → 타일면 청소

✔ **정답 및 해설** 바닥 플라스틱재 타일 붙이기 시공 순서

바탕 건조 → 프라이머 도포 → 먹줄치기 → 접착제 도포 → 타일붙이기 → 보양 → 타일 면 청소의 순이다. 즉, ① 프라이머 도포,　② 접착제 도포,　③ 보양

019

09②

다음이 설명하는 용어를 쓰시오. (3점)

기둥의 주두, 난간 벽, 창대 등의 외관 장식에 많이 쓰이는 속이 빈 형태의 점토 제품으로 구조용과 장식용이 있다. (　　　)

✔ **정답 및 해설** 테라코타

020

16①, 12②

다음 아래에 설명된 내용의 재료를 쓰시오. (2점)

자토를 반죽하여 형틀에 맞추어 찍어낸 다음 소성한 점토 제품으로 대개가 속이 빈 형태를 취하고 있으며, 구조용으로 쓰이는 공동벽돌과 난간 벽의 장식, 돌림띠, 창대, 주두 등의 장식용이 있다. (　　　　)

✔ **정답 및 해설** 테라코타

021 테라코타에 대한 용어 설명을 하시오. (3점)

14③

✔ 정답 및 해설 **테라코타의 정의**

① 테라코타는 기둥의 주두, 난간 벽, 창대 등의 외관 장식으로 많이 쓰이는 속이 빈 형태의 점토제품으로 구조용과 장식용이 있다.

② 테라코타는 자토를 반죽하여 형틀에 맞추어 찍어낸 다음 소성한 점토 제품으로 대개가 속이 빈 형태를 취하고 있으며, 구조용으로 쓰이는 공동 벽돌과 난간 벽의 장식, 돌림띠, 창대, 주두 등의 장식용이 있다.

022 테라코타의 특징과 용도를 각각 3가지씩 쓰시오. (3점)

98

✔ 정답 및 해설 **테라코타의 특징과 용도**

① 테라코타의 특징
㉮ 일반 석재보다 가볍다.
㉯ 압축 강도는 80~90 MPa로서 화강암의 1/2 정도이다.
㉰ 화강암보다 내화력이 강하고 대리석보다 풍화에 강하므로 외장에 적당하다.
② 테라코타의 용도
㉮ 구조용 : 공동 벽돌의 칸막이용
㉯ 장식용 : 난간 벽의 장식, 돌림띠, 창대, 주두 등

001

다음은 구리의 합금에 대한 설명이다. (   ) 안에 알맞은 재료 및 용어를 쓰시오. (4점)

> 황동은 동과 (①)의 합금이며, 강도와 (②)이 강하다.
> 청동은 동과 (③)의 합금이며, 대기 중에서 (④)이 강하다.

✓ **정답 및 해설** 구리의 합금

① 아연 ② 내구성 ③ 주석 ④ 내식성

002

금속공사에 사용되는 보기의 재료에 해당하는 용어를 써넣으시오. (4점)

> ① 두께 0.4~0.8mm 연강판에 일정한 간격으로 그물눈을 내고 늘려 철망 모양으로 만든 것 (   )
> ② 콘크리트 표면 등에 어떤 구조물 등을 달아매기 위하여 콘크리트를 부어 넣기 전에 미리 묻어 넣는 고정 철물 (   )

✓ **정답 및 해설** 금속 제품

① 메탈 라스 ② 인서트

003

다음 설명이 의미하는 철물명을 쓰시오. (4점)

> (개) 철선을 꼬아 만든 철망 : (①)
> (내) 얇은 철판에 각종 모양을 도려낸 것 : (②)
> (대) 얇은 철판에 자른 금을 내어 당겨 늘린 것 : (③)
> (래) 연강선을 직교시켜 전기용접한 철선망 : (④)

✓ **정답 및 해설** 금속 제품

① 와이어 라스 ② 펀칭 메탈 ③ 메탈 라스 ④ 와이어 메시

004

다음은 금속재료에 대한 설명이다. 해당하는 명칭을 쓰시오. (3점)

① 기둥, 벽 등의 모서리에 대어 미장 바름을 보호하기 위한 철물
② 얇은 강판에 자른 금을 내어 늘려 당긴 것으로 미장 바름 보호용으로 쓰인다.
③ 아연 도금한 연강선을 엮어 그물같이 만든 철망으로 미장 바탕용으로 쓰인다.

✔정답 및 해설 **금속 제품**

① 코너비드 ② 메탈 라스 ③ 와이어 라스

005

다음에서 설명하는 철물의 명칭을 쓰시오. (5점)

① 주로 콘크리트조 바닥판 밑에 달대의 걸침이 되는 것으로 거푸집 바닥에 고정 시공함 (   )
② 벽이나 기둥의 모서리를 보호하기 위하여 미장 바름할 때 붙임 (   )
③ 계단의 미끄럼 방지를 위해 설치함 (   )
④ 천장, 벽 등의 이음새를 감추기 위해 사용함 (   )
⑤ 얇은 금속판으로 만든 천장재 (   )

✔정답 및 해설 **금속 제품**

① 인서트 ② 코너비드 ③ 논슬립 ④ 조이너 ⑤ 알루미늄 타일

006

다음 용어를 설명하시오. (4점)

① Non slip
② Metal lath

✔정답 및 해설 **용어 설명**

① 논슬립(미끄럼 막이) : 계단의 미끄럼 방지를 위해 설치하는 철물이다.
② 메탈 라스 : 얇은 철판에 자른 금을 내어 당겨 늘린 것 또는 두께 0.4~0.8mm의 연강판에 일정한 간격으로 그물눈을 내고 늘려 철망 모양으로 만든 것으로 미장 바름 보호용으로 쓰인다.

007

다음 용어에 대해 간단히 기술하시오. (4점)

① Non Slip :
② Corner bead :
③ 듀벨 :
④ 마무리 치수 :

✔ 정답 및 해설 **용어 설명**

① 논슬립(미끄럼 막이) : 계단의 미끄럼 방지를 위해 설치하는 철물이다.
② 코너비드 : 벽이나 기둥의 모서리를 보호하기 위하여 미장 바름할 때 붙이는 철물이다.
③ 듀벨 : 볼트와 함께 사용하는데 듀벨은 전단력에, 볼트는 인장력에 작용시켜 접합재 상호간의 변위를
　　막는 강한 이음을 얻기 위해, 또는 목재의 접합에서 목재와 목재 사이에 끼워서 전단에 대한 저항 작용을
　　목적으로 한 철물에 사용한다. 큰 간사이의 구조, 포갬보 등에 쓰이고 파넣기식과 압입식이 있다.
④ 마무리 치수 : 창호재, 가구재의 단면 치수

008

다음 용어를 설명하시오. (2점)

① 미끄럼 막이(non-slip) :
② 익스팬션 볼트(expansion bolt) :

✔ 정답 및 해설 **용어 설명**

① 논슬립(미끄럼 막이) : 계단의 미끄럼 방지를 위해 설치하는 철물이다.
② 익스팬션 볼트 : 콘크리트 표면 등에 띠장, 문틀 등의 다른 부재를 고정하기 위하여 묻어두는 특수형
　　의 볼트로서 콘크리트 면에 뚫린 구멍에 볼트를 틀어박으면 그 끝이 벌어지게 되어 있어 구멍 안쪽
　　면에 고정되도록 만든 볼트이다.

009

다음은 금속공사에 사용되는 철물의 용어이다. 간략히 설명하시오. (4점)

> ① 인서트 :
> ② 메탈 라스 :

✓ 정답 및 해설 용어 설명

① 인서트 : 주로 콘크리트조 바닥판 밑에 달대의 걸침이 되는 것으로 거푸집 바닥에 고정 시공하고, 콘크리트 표면 등에 어떤 구조물을 달아매기 위하여 콘크리트를 부어 넣기 전에 미리 묻어 넣은 고정 철물이다.

② 메탈 라스 : 얇은 철판에 자른 금을 내어 당겨 늘린 것 또는 두께 0.4~0.8mm의 연강판에 일정한 간격으로 그물눈을 내고 늘려 철망 모양으로 만든 것으로, 미장 바름 보호용으로 쓰인다.

010

10③, 08②, 97, 95, 94

코너비드에 대해서 설명하시오. (4점)

✓ 정답 및 해설 코너비드

벽이나 기둥의 모서리를 보호하기 위하여 미장바름할 때 붙이는 철물이다.

011

다음 용어를 설명하시오. (4점)

> ① 코펜하겐 리브   ② 코너비드
> ③ 조이너   ④ 듀벨

✓ 정답 및 해설

① **코펜하겐 리브** : 보통은 두께 5 cm, 너비 10 cm 정도로 긴 판이며, 표면은 자유 곡선으로 깎아 수직 평행선이 되게 리브를 만든 것으로 면적이 넓은 강당, 영화관, 극장 등의 안벽에 붙이면 음향 조절 효과와 장식 효과가 있다. 주로 벽과 천장 수장재로 사용

② 코너비드 : 벽이나 기둥의 모서리를 보호하기 위하여 미장 바름 할 때 붙이는 철물

③ 조이너 : 천장, 벽 등의 이음새를 감추기 위해 사용

④ 듀벨 : 볼트와 함께 사용하는데 듀벨은 전단력에, 볼트는 인장력에 작용시켜 접합재 상호간의 변위를 막는 강한 이음을 얻기 위해 또는 목재의 접합에서 목재와 목재 사이에 끼워서 전단에 대한 저항 작용을 목적으로 한 철물에 사용한다. 큰 간사이의 구조, 포갬보 등에 쓰이고 파넣기식과 압입식이 있다.

CHAPTER 07 금속 공사 • 121

012 15②, 04②

콘크리트, 벽돌 등의 면에 다른 부재를 고정하거나 달아매기 위해 묻어두는 철물 4가지를 쓰시오. (4점)

✔ 정답 및 해설 **고정 철물**

① 익스팬션 볼트 ② 앵커 볼트 ③ 스크류 앵커 ④ 인서트

013 11③

다음은 비철금속에 대한 특징이다. (   ) 안에 적당한 비철금속의 명칭을 보기에서 고르시오. (4점)

보기

① 납   ② 주석   ③ 아연
④ 알루미늄   ⑤ 청동

(가) 전성과 연성이 커서 주조성이 좋으며 청동의 제조에도 이용된다. (   )
(나) 금속 중에서 가장 비중이 크고 연하며 X을 차단하는 성능이 있다. (   )
(다) 경금속으로 은백색의 광택이 있으며 창호 재료로 많이 이용된다. (   )
(라) 강도가 크고 연성 및 내식성이 양호하며 황동의 재료로도 이용된다. (   )

✔ 정답 및 해설 **비철금속의 특성**

(가)−②(주석) (나)−①(납) (다)−④(알루미늄) (라)−③(아연)

014 96

금속 셔터 시공에서 셔터의 설치 부품을 3가지만 쓰시오. (3점)

✔ 정답 및 해설 **셔터의 설치 부품**

① 슬랫 ② 홈대 ③ 셔터 케이스

CHAPTER
08

합성수지 공사

001

14③, 06①, 95

다음 재료에 따른 방수 방법 4가지를 대별하시오. (4점)

> ✔ **정답 및 해설** 방수 공법

① 시멘트 액체 방수 ② 시트(합성수지 고분자)방수 ③ 도막 방수 ④ 아스팔트 방수

002

10③

시트방수의 장점과 단점을 2가지씩 기술하시오. (4점)

- 장점
- 단점

> ✔ **정답 및 해설** 시트방수의 장점과 단점

(가) 장점 :
    ① 시공이 간단하고, 공사 기간이 단축된다.
    ② 바탕 균열에 대한 신장성이 크고, 내구성 및 내후성이 좋다.
(나) 단점 :
    ① 시트 상호 간의 접합부 처리 및 복잡한 마감이 어렵다.
    ② 국부적인 보수가 어렵고, 가격이 비싸다.

003

15③

도막방수의 재료를 3가지로 대별하시오. (3점)

> ✔ **정답 및 해설** 도막방수의 재료

① 에폭시계 도막 방수 ② 용제형 도막 방수 ③ 유제형 도막 방수

004

다음 합성수지 재료 중 열가소성 수지를 고르시오. (3점)

보기

① 페놀 ② 멜라민 ③ 폴리에틸렌 ④ 염화비닐
⑤ 아크릴 ⑥ 에폭시 ⑦ 요소

✓ 정답 **열가소성 수지**

③ 폴리에틸렌 수지 ④ 염화비닐 수지 ⑤ 아크릴 수지

✓ 해설 **열경화성 및 열경화성 수지의 분류**

합성수지를 분류하면, 열경화성 수지(고형체로 된 후에 열을 가해도 연화되지 않는 수지)와 열가소성 수지(고형체에 열을 가하면, 연화 또는 용융되어 가소성과 점성이 생기고 이를 냉각하면 다시 고형체가 되는 수지)이다. 합성수지를 분류하면 다음 표와 같다.

열경화성 수지	페놀(베이클라이트, 석탄산) 수지, 요소 수지, 멜라민 수지, 폴리에스테르 수지(알키드 수지, 불포화 폴리에스테르 수지), 실리콘 수지, 에폭시 수지, 프란 수지, 폴리우레탄 수지 등
열가소성 수지	염화비닐 수지, 폴리에틸렌 수지, 폴리프로필렌 수지, 폴리스티렌 수지, ABS 수지, 아크릴산 수지, 메타아크릴산 수지, 불소 수지, 스티롤 수지, 초산비닐 수지 등
섬유소계 수지	셀룰로이드, 아세트산 섬유소 수지

005

다음 합성수지 재료 중 열가소성수지를 고르시오. (4점)

보기

① 아크릴 ② 염화비닐 ③ 폴리에틸렌 ④ 멜라민
⑤ 페놀 ⑥ 에폭시 ⑦ 스티롤 수지

✓ 정답 및 해설 **열가소성 수지**

①(아크릴 수지) ②(염화비닐 수지) ③(폴리에틸렌 수지) ⑦(스티롤 수지)

006

다음 합성수지 재료 중 열가소성 수지를 고르시오. (3점)

① 아크릴 ② 염화비닐 ③ 폴리에틸렌 ④ 멜라민
⑤ 페놀 ⑥ 에폭시 ⑦ 폴리에스테르

✔ **정답 및 해설** **열가소성 수지**

①(아크릴 수지) ②(염화비닐 수지) ③(폴리에틸렌 수지)

007

다음 보기의 합성수지 재료 중 열경화성 수지를 모두 골라 번호를 쓰시오. (3점)

보기

① 아크릴 수지 ② 에폭시 수지 ③ 멜라민 수지
④ 페놀 수지 ⑤ 폴리에틸렌 수지 ⑥ 염화비닐 수지

✔ **정답 및 해설** **열경화성 수지**

②(에폭시 수지) ③(멜라민 수지) ④(페놀 수지)

008

다음 〈보기〉의 합성수지 재료 중 열경화성 수지를 모두 골라 번호를 쓰시오. (4점)

보기

① 아크릴 수지 ② 에폭시 수지 ③ 멜라민 수지
④ 페놀 수지 ⑤ 폴리에틸렌 수지 ⑥ 염화비닐 수지
⑦ 요소 수지

✔ **정답 및 해설** **열경화성 수지**

②(에폭시 수지) ③(멜라민 수지) ④(페놀 수지) ⑦(요소 수지)

009

보기에서 열경화성, 열가소성 수지를 구분해서 쓰시오. (4점)

보기

① 염화비닐 수지 　　　② 멜라민 수지 　　　③ 스티롤 수지
④ 아크릴 수지 　　　⑤ 석탄산 수지

(가) 열경화성 수지
(나) 열가소성 수지

✔ 정답 및 해설

(가) 열경화성 수지 : ②(멜라민 수지)　⑤(석탄산(페놀)수지)
(나) 열가소성 수지 : ①(염화비닐 수지)　③(스티롤(폴리스티렌)수지)　④(아크릴 수지)

010

다음 아래의 재료는 합성 수지 재료이다. 열가소성 수지와 열경화성 수지로 구분하시오. (3점)

보기

① 아크릴 　　　② 염화비닐 　　　③ 폴리에틸렌
④ 멜라민 　　　⑤ 페놀 　　　⑥ 에폭시

(가) 열가소성 수지 :
(나) 열경화성 수지 :

✔ 정답 및 해설

(가) 열가소성 수지 : ①(아크릴 수지)　②(염화비닐 수지)　③(폴리에틸렌 수지)
(나) 열경화성 수지 : ④(멜라민 수지)　⑤(페놀 수지)　⑥(에폭시 수지)

011

다음 합성수지 재료를 열경화성 수지와 열가소성 수지를 구분하여 쓰시오. (4점)

보기

① 아크릴 수지   ② 에폭시 수지   ③ 멜라민 수지
④ 페놀 수지   ⑤ 폴리에틸렌 수지   ⑥ 염화비닐 수지
⑦ 폴리우레탄

(가) 열경화성 수지 :
(나) 열가소성 수지 :

✔ 정답 및 해설

(가) 열경화성 수지 : ②(에폭시 수지)   ③(멜라민 수지)   ④(페놀 수지)   ⑦(폴리우레탄 수지)
(나) 열가소성 수지 : ①(아크릴 수지)   ⑤(폴리에틸렌 수지)   ⑥(염화비닐 수지)

012

다음 보기의 주어진 합성수지 재료를 열경화성 수지와 열가소성 수지로 분류하시오. (2점)

보기

① 아크릴   ② 염화비닐   ③ 폴리에틸렌   ④ 멜라민
⑤ 페놀   ⑥ 에폭시   ⑦ 스티롤수지

(가) 열가소성 수지
(나) 열경화성 수지

✔ 정답 및 해설

(가) 열경화성 수지 : ④(멜라민 수지)   ⑤(페놀 수지)   ⑥(에폭시 수지)
(나) 열가소성 수지 : ①(아크릴 수지)   ②(염화비닐 수지)   ③(폴리에틸렌 수지)   ⑦(스티롤 수지)

013

96, 95

다음 〈보기〉를 보고 열경화성 수지와 열가소성 수지로 분류하여 번호로 기입하시오. (4점)

보기

① 멜라민 수지   ② 페놀 수지   ③ 요소 수지
④ 초산비닐 수지   ⑤ 염화비닐 수지   ⑥ 실리콘 수지
⑦ 스티롤 수지

✔ 정답 및 해설

⒜ 열경화성 수지 : ①(멜라민 수지)   ②(페놀 수지)   ③(요소 수지)   ⑥(실리콘 수지)
⒝ 열가소성 수지 : ④(초산비닐 수지)   ⑤(염화비닐 수지)   ⑦(스티롤 수지)

014

07②

다음 〈보기〉의 합성수지를 열경화성 수지와 열가소성 수지로 구분하시오. (4점)

보기

① 페놀 수지   ② 아크릴 수지   ③ 폴리에틸렌 수지
④ 폴리에스테르 수지   ⑤ 멜라민 수지   ⑥ 염화비닐 수지
⑦ 실리콘 수지   ⑧ 프란수지

(가) 열경화성 수지 :
(나) 열가소성 수지 :

✔ 정답 및 해설

⒜ 열경화성 수지 : ①(페놀 수지)   ④(폴리에스테르 수지)   ⑤(멜라민 수지)   ⑦(실리콘 수지)   ⑧(프란 수지)
⒝ 열가소성 수지 : ②(아크릴 수지)   ③(폴리에틸렌 수지)   ⑥(염화비닐 수지)

015

다음 보기 중에서 플라스틱의 종류 중 열가소성 수지와 열경화성 수지를 각각 4가지씩 쓰시오.

(4점)

보기

① 페놀 수지　　　② 요소 수지　　　③ 염화비닐 수지
④ 멜라민 수지　　⑤ 스티롤 수지　　⑥ 불소 수지
⑦ 초산비닐 수지　⑧ 실리콘 수지

(가) 열가소성 수지
(나) 열경화성 수지

✔ 정답 및 해설

(가) 열가소성 수지 : ③(염화비닐 수지), ⑤(스티롤 수지), ⑥(불소 수지), ⑦(초산비닐 수지)
(나) 열경화성 수지 : ①(페놀 수지), ②(요소 수지), ④(멜라민 수지), ⑧(실리콘 수지)

016

다음 〈보기〉의 합성수지의 성질을 구분하여 번호로 기입하시오. (4점)

보기

① 알키드　　　② 실리콘　　　③ 아크릴 수지　　④ 셀룰로이드
⑤ 프란 수지　 ⑥ 폴리에틸렌 수지 ⑦ 염화비닐 수지　⑧ 페놀 수지
⑨ 에폭시　　　⑩ 불소 수지

(가) 열가소성 수지 :
(나) 열경화성 수지 :

✔ 정답 및 해설

(가) 열가소성 수지: ③(아크릴 수지), ④(셀룰로이드), ⑥(폴리에틸렌 수지), ⑦(염화비닐 수지), ⑩(불소 수지)
(나) 열경화성 수지: ①(알키드), ②(실리콘), ⑤(프란 수지), ⑧(페놀 수지), ⑨(에폭시)

017

다음 재료의 시공 온도를 쓰시오. (3점)

① 열가소성 재료
② 페놀·멜라민 수지
③ 경화 폴리에스테르 수지

✔ **정답 및 해설** 합성수지 재료의 시공 온도

① 열가소성 수지 : 50~60℃
② 페놀, 멜라민 수지 : 120~150℃
③ 경화 폴리에스테르 수지 : 100~150℃

001

도장 공사 시 도료 선택상 3가지 고려할 점을 기술하시오. (3점)

✔ **정답 및 해설** 도료 선택상 고려할 사항

① 물체의 보호 및 방식 기능 : 내수, 내습, 내산, 내유, 내후성 등
② 물체의 색채와 미장 기능 : 색과 광택의 변화, 미관, 표식, 평탄화, 입체화 등
③ 특수한 기능 : 전기 절연성, 방화, 방음, 온도 표시, 방균 등

002

도장 공사 시 기능성 도장에 대하여 기술하시오. (3점)

✔ **정답 및 해설** 기능성 도장

기능성 도장은 물질의 표면에 부착, 고화하여 소기의 성능(내약품성, 내수성, 방습·방청·방음성, 방사선 차단성 및 전기 절연성 등)을 갖는 막이 되는 도료를 도포하는 도장이다.

003

철재 녹막이 도료의 종류 3가지를 쓰시오. (3점)

✔ **정답 및 해설** 철재 녹막이 도료

① 연단 도료 ② 함연 방청 도료 ③ 방청 산화철 도료 ④ 규산염 도료 ⑤ 크롬산아연 도료(징크로메이트 도료, 알루미늄 초벌용 녹막이 도료)

004 99

철재 녹막이칠의 공정 순서이다. 〈보기〉에서 골라 시공 순서를 나열하시오. (6점)

보기

① 정벌칠   ② 녹막이칠   ③ 구멍땜 및 퍼티먹임
④ 바탕처리   ⑤ 연마지 닦기   ⑥ 재벌

✓ 정답 및 해설

바탕 처리 → 녹막이칠 → 연마지 닦기 → 구멍땜 및 퍼티먹임 → 재벌 → 정벌칠의 순이다.
즉, ④ → ② → ⑤ → ③ → ⑥ → ①의 순이다.

005 98

도장 공사 시 가연성 재료의 보관 방법 3가지를 쓰시오. (3점)

✓ 정답 및 해설 가연성 재료의 보관 방법

① 일광 직사를 피하고, 새거나 엎지르지 않도록 한다.
② 환기가 잘 되고, 먼지가 나지 않게 한다.
③ 사용 중인 도장 재료는 모두 밀봉하여 둔다.
④ 도료가 부착된 헝겊 등은 자연 발화의 우려가 있으므로 제거하여야 한다.

006 08②

다음 도료 저장에서 일어나는 결함을 〈보기〉에서 모두 고르시오. (3점)

보기

① 피막   ② 도막과다   ③ 실끌림   ④ 흐름
⑤ 핀 홀   ⑥ setting   ⑦ 증점/겔화   ⑧ 가스발생

✓ 정답 도료의 저장시 발생하는 결함

① 피막   ⑥ setting(안료의 침전)   ⑦ 증점(점도의 상승) 및 겔화(경화)   ⑧ 가스 발생

✓ 해설 도장 공사의 결함

시기	도장 재료의 결함
저장 시	피막의 형성, 점도의 상승, 안료의 침전, 경화(겔화), 변색, 가스 발생 등
공사 중	도막의 불량과 과다, 실끌림, 뭉침, 흐름 등
공사 후	미세 구멍(핀 홀), 주름, 기포의 발생, 얼룩, 황변 등

007

08①

다음 설명에 알맞은 도료의 종류를 쓰시오. (3점)

> ① 유성바니시를 비히클로 하여 안료를 첨가한 것을 말하며, 일반적으로 내알칼리성이 약하다.
> ② 목재면의 투명도장에 사용되며, 건조는 빠르나 도막이 얇다.
> ③ 대표적인 것으로 염화비닐 에나멜이 있으며, 일반용과 내약품 용도의 것이 있다.

✔ **정답 및 해설** 도료의 명칭

① 유성 에나멜페인트 ② 클리어 래커 ③ 비닐수지 도료

008

13③

건축에서 일반적으로 사용하는 도장 공법 4가지를 쓰시오. (4점)

✔ **정답 및 해설** 도장 공법

① 뿜칠 ② 롤러칠 ③ 문지름칠 ④ 솔칠 ⑤ 정전 도장공법

009

07③, 04③, 02③, 00, 99, 98, 96, 93

도장 공사에서 사용되는 칠 공법의 종류 4가지를 쓰시오. (4점)

✔ **정답 및 해설** 도장 공법

① 뿜칠 ② 롤러칠 ③ 문지름칠 ④ 솔칠 ⑤ 정전 도장공법

010

다음 설명에 알맞은 도장 용구를 〈보기〉에서 골라 쓰시오. (4점)

보기

① 솔칠   ② 롤러칠   ③ 주걱칠   ④ 스프레이칠

(가) 천장이나 벽면처럼 평활하고 넓은 면을 칠할 때 유리한 방법이다.
(나) 주로 고급의 마감이 요구될 때 적용하는 도장으로 도장면이 평탄하고 매끄러운 질감을 얻을 수 있는 도장에 적용하는 방법이다.
(다) 대표적인 것으로 안티코스터코 도장이 있으며, 올 퍼티 작업으로 면을 잡은 다음 도장재를 얹어 질감이나 패턴을 얻고자 할 때 적용하는 방법이다.
(라) 최종 도장 후 잔손보기 작업할 때 사용하는 방법이다.

✔ **정답 및 해설** 도장 방법

(가)-②(롤러칠) (나)-④(스프레이칠) (다)-③(주걱칠) (라)-①(솔칠)

011

다음 재료에 해당하는 것을 〈보기〉에서 골라 기호로 쓰시오. (4점)

보기

① 방청제   ② 방부제   ③ 착색제   ④ 희석제

(가) 시너
(나) 광명단
(다) 크레오소트
(라) 오일스테인

✔ **정답 및 해설** 도장 재료

(가)-④(희석제) (나)-①(방청제) (다)-②(방부제) (라)-③(착색제)

012

17②, 14③, 13②, 10③, 06①, 04①, 02②, 01, 00, 99, 97, 96, 94

목재 바니시 칠 공정 작업순서를 바르게 나열하시오. (3점)

보기

① 색올림　　　② 왁스 문지름　　　③ 바탕처리　　　④ 눈먹임

✔ 정답 및 해설　목재 바니시 칠 공정 작업순서

바탕 처리 → 눈먹임 → 색올림(착색)→ 왁스 문지름의 순이다. 즉, ③ → ④ → ① → ②이다.

013

02③

목부 기름 바니시 칠 시공 순서를 〈보기〉에서 골라 번호를 쓰시오. (4점)

보기

① 착색　　　　　② 눈먹임　　　　　③ 초벌칠
④ 닦기와 마무리　⑤ 정벌칠　　　　　⑥ 바탕손질

✔ 정답 및 해설　목재 바니시 칠 공정 작업순서

바탕 손질 → 눈먹임 → 착색(색올림) → 초벌칠 → 정벌칠 → 닦기와 마무리의 순이다. 즉, ⑥ → ②
→ ① → ③ → ⑤ → ④의 순이다.

014

19①, 18②, 15①, 15③, 14①, 13①, 09③, 06②, 02②

다음 아래 내용은 수성페인트 바르는 순서이다. 바르게 나열하시오. (4점)

보기

① 연마지 닦기　② 초벌　③ 정벌　④ 바탕 누름　⑤ 바탕 만들기

✔ 정답 및 해설　수성페인트 바르는 순서

바탕 만들기 → 바탕 누름 → 초벌 → 페이퍼 문지름(연마지 닦기) → 정벌의 순이다. 즉, ⑤ → ④ →
② → ① → ③이다.

015

17①, 99, 96, 95

수성 페인트 바르는 순서를 (　　) 안에 알맞은 용어로 쓰시오. (3점)

(①) – 초벌 – (②) – (③)

✔ 정답 및 해설 수성페인트 바르는 순서

① 바탕 누름　② 페이퍼 문지름(연마기 닦기)　③ 정벌

016

08②

수성페인트 시공 순서를 (　　) 안에 써넣으시오. (4점)

보기

바탕누름,　　연마지 닦기,　　정벌,　　초벌

(①) → (②) → (③) → (④)

✔ 정답 및 해설 수성페인트 시공 순서

① 바탕 누름　② 초벌　③ 페이퍼 문지름(연마기 닦기)　④ 정벌

017

07②

유성페인트의 구성 재료 4가지를 쓰시오. (4점)

✔ 정답 및 해설 유성페인트의 구성 재료

① 건성유　② 안료　③ 건조제　④ 희석제

018

00, 96, 94

다음 도료의 종류 가운데 휘발성 용제로 되어 있는 것 3가지를 쓰시오. (3점)

✔ 정답 및 해설 휘발성 용제

① 아세톤　② 테레빈유　③ 솔벤트

019

17③, 11③, 01②

철부 유성페인트 시공 순서를 나열하시오. (3점)

보기

① 연마지 갈기   ② 녹막이칠   ③ 정벌칠
④ 구멍 메움   ⑤ 재벌칠   ⑥ 바탕 조정

✔ **정답 및 해설** 철부 유성페인트 시공 순서

바탕 조정 → 녹막이칠 → 연마지 갈기 → 구멍 메움 → 연마지 갈기 → 재벌칠 → 연마지 갈기 → 정벌칠의 순이다. 즉, ⑥ → ② → ① → ④ → ① → ⑤ → ① → ③이다.

020

05③

목부 유성페인트의 시공 순서를 바르게 나열하시오. (단, 동일 작업 반복 사용 가능) (3점)

보기

① 재벌 2회   ② 퍼티 먹임   ③ 바탕 만들기   ④ 연마 작업
⑤ 재벌 1회   ⑥ 초벌   ⑦ 정벌

✔ **정답 및 해설** 목부 유성페인트의 시공 순서

바탕 만들기 → 퍼티 먹임 → 연마 작업 → 초벌 → 연마 작업 → 재벌 1회 → 재벌 2회 → 연마 작업 → 정벌의 순이다. 즉, ③ → ② → ④ → ⑥ → ④ → ⑤ → ① → ④ → ⑦이다.

021

98, 95

목부 바탕 만들기 공정 순서를 쓰시오. (5점)

✔ **정답 및 해설** 목부 바탕 만들기 공정 순서

오염 및 부착물 제거 → 송진 처리 → 연마지 닦기 → 옹이 땜 → 구멍 땜의 순이다.

022

94

방화칠 도료를 3가지 쓰시오. (3점)

✔ **정답 및 해설** 방화칠 도료

① 규산소다 도료   ② 붕산 카세인 도료   ③ 합성수지 도료(요소, 비닐, 염화 파라핀 등)

023 `99, 98, 93`

콘크리트 PC 패널의 바탕 면에 마감용 합성수지를 바르는 방법 4가지를 쓰시오. (4점)

✔ 정답 및 해설 마감용 합성수지를 바르는 방법

① 솔칠 ② 롤러칠 ③ 문지름칠 ④ 뿜칠

024 `92`

도료가 바탕에 부착을 저해하거나 부품의 터짐, 벗겨지는 원인이 될 수 있는 요소 4가지를 쓰시오. (4점)

✔ 정답 및 해설 도료의 바탕 부착 저해 및 부품의 터짐, 벗겨지는 원인

① 부착 저해 원인 : 유지분, 수분, 녹, 진 등

② 박리 원인

㉮ 바탕 처리의 불량, ㉯ 초벌과 재벌의 화학적 차이, ㉰ 바탕 건조의 불량,

㉱ 기존 도장 위의 재도장, ㉲ 철재면 위의 비닐수지 도료 도포, ㉳ 부적당한 작업 등

CHAPTER 10 내장 및 기타공사

17②, 07②, 01②, 99

001

경량 철골 천장틀의 설치 순서이다. 〈보기〉에서 골라 번호를 쓰시오. (3점)

보기

① 천장틀 설치　　　　　② 텍스 붙이기
③ 달대 설치　　　　　　④ 앵커 설치

✓ **정답 및 해설** 경량 철골 천장틀의 설치 순서

앵커 설치 → 달대 설치 → 천장틀 설치 → 텍스 붙이기의 순이다.
즉, ④ → ③ → ① → ②이다.

05①

002

경량 철골 반자틀 시공 순서를 보기에서 찾아 순서를 나열하시오. (4점)

보기

① 달볼트　　　　　② 클립　　　　　③ 캐링찬넬
④ 조절행거　　　　⑤ 인서트　　　　⑥ 천장판

✓ **정답 및 해설** 경량 철골 반자틀 시공

인서트 → 달볼트 → 조절행거 → 캐링찬넬 → 클립 → 천장판의 순이다.
즉, ⑤ → ① → ④ → ③ → ② → ⑥이다.

003

다음은 경량 철골 천장틀 붙이기 시공방법이다. 시공 순서대로 나열하시오. (4점)

보기

행거, 반자틀, 클립, 달볼트, 반자틀받이, 천장지 또는 텍스

인서트 철물매입 → (①) → (②) → (③) → (④) → (⑤) → (⑥)

✔ 정답 및 해설 경량 철골 천장틀 붙이기

① 달볼트 ② 행거 ③ 반자틀받이(캐링 채널) ④ 클립 ⑤ 반자틀(M-bar) ⑥ 천장판

004

도배지(Wall Paper) 바름의 일반적인 시공 순서이다. (   ) 안에 알맞은 말을 써넣으시오. (4점)

바탕처리 → (①) → (②) → 걸레받이 → (③)

✔ 정답 및 해설 도배지 바름의 일반적인 시공 순서

바탕처리 → 초배지 바름 → 정배지 바름 → 걸레받이 → 마무리 및 보양의 순이다.

① 초배지 바름 ② 정배지 바름 ③ 마무리 및 보양

005

다음 도배의 순서를 3단계로 기술하시오. (4점)

✔ 정답 및 해설 도배의 순서

① 바탕 처리 ② 풀칠 ③ 붙이기

006 19③, 15②, 11②, 08③, 03, 02, 01, 00, 99, 94

도배 공사 시공 순서를 〈보기〉에서 찾아 번호로 나열하시오. (4점)

보기

① 정배지 바름　② 초배지 바름　③ 재배지 바름　④ 바탕처리　⑤ 굽도리

✔ **정답 및 해설**　도배 공사 시공 순서

바탕 처리 → 초배지 바름 → 재배지 바름 → 정배지 바름 → 굽도리의 순이다.

즉, ④ → ② → ③ → ① → ⑤이다.

---

007 10①, 04②, 02②, 99

도배 공사에서 도배지에 풀칠하는 방법 3가지를 쓰시오. (3점)

✔ **정답 및 해설**　도배지에 풀칠 방법

① 봉투바름　② 온통바름　③ 정벌재바름

---

008 10②

도배 공사 시 초벌 밑바름질의 종류 2가지를 쓰시오. (2점)

✔ **정답 및 해설**　도배공사시 초벌 밑바름질의 종류

① 창호지(참지)　② 백지

---

009 13①, 07③, 06①, 02①

벽 도배 시공 순서를 적으시오. (4점)

① 초배지　　　　　　　　　② 정배지
③ 재배지　　　　　　　　　④ 바탕바름
⑤ 굽도리지

✔ **정답 및 해설**　벽 도배 시공 순서

바탕 바름 → 초배 → 재배 → 정배 → 굽도리지의 순이다

즉., ④ → ① → ③ → ② → ⑤이다.

010 `12②, 04②, 98, 96`

일반적인 장판지 붙이기 시공 순서다. (   ) 안에 알맞은 말을 쓰시오. (4점)

바탕처리 - (①) - (②) - (③) - 걸레받이 - (④)

✓ **정답 및 해설** 장판지 붙이기 시공 순서

바탕처리 → 초배 → 정배 → 장판지 깔기 → 걸레받이 → 마무리칠

① 초배 ② 재배 ③ 장판지 깔기 ④ 마무리칠

011 `12③`

장판지 깔기의 시공 순서를 〈보기〉에서 골라 순서대로 열거하시오. (4점)

보기

① 마무리칠   ② 바탕처리   ③ 걸레받이
④ 정배   ⑤ 재배   ⑥ 초배

✓ **정답 및 해설** 장판지 깔기의 시공 순서

바탕 처리 → 초배 → 재배 → 정배 → 걸레받이 → 마무리칠의 순이다. 즉, ② → ⑥ → ⑤ → ④ → ③ → ①이다.

012 `96`

반자틀의 구조 방법상 종류를 4가지만 쓰시오. (4점)

✓ **정답 및 해설** 반자틀의 구조 방법상 종류

① 바름 반자 ② 널 반자 ③ 넓은판 반자 ④ 구성 반자

013

목조 반자틀 짜는 순서를 〈보기〉에서 골라 그 번호를 나열하시오. (3점)

보기

① 달대   ② 반자돌림대   ③ 반자틀
④ 달대받이   ⑤ 반자틀받이   ⑥ 반자널

✔ 정답 및 해설 목조 반자틀 짜는 순서

달대받이 → 반자돌림대 → 반자틀받이 → 반자틀 → 달대 → 반자널의 순이다.
즉, ④ → ② → ⑤ → ③ → ① → ⑥이다.

014

벽이나 천장판에 붙이는 재료 종류 4가지를 쓰시오. (4점)

✔ 정답 및 해설 벽이나 천장판의 재료

① 합판   ② 섬유판   ③ 코르크판   ④ 석고판

015

천장에서 주로 사용되는 M-bar 공법에서 시공 부위별 사용 부재를 보기에서 골라 기호로 쓰시오. (3점)

보기

① Clib   ② Single M-bar   ③ Double M-bar

(가) 천장판 연결 부위
(나) 천장판 중간부위
(다) M-bar와 캐링찬넬

✔ 정답 및 해설 M-bar 공법 시공 부위별 사용 부재

(가)-③ Double M-bar (나)-② Single M-bar (다)-① Clib

016 08③

다음은 바닥재 플라스틱 타일의 시공 순서이다. 순서대로 나열하시오. (4점)

> ① 프라이머 도포
> ② 접착제 도포
> ③ 타일 붙이기
> ④ 바탕처리

✅ **정답 및 해설** 바닥재 플라스틱 타일의 시공 순서

바탕 처리 → 프라이머 도포 → 접착제 도포 → 타일 붙이기의 순이다. 즉, ④ → ① → ② → ③ 이다.

---

017 16②, 06②

반자(Ceiling)의 설치 목적 3가지를 쓰시오. (3점)

✅ **정답 및 해설** 반자(Ceiling)의 설치 목적

① 단열 및 차음(소리와 열의 차단)효과 ② 음향 방지 ③ 장식(의장)적 구성

---

018 05②, 00, 96

카펫 파일(carpet pile)의 종류 3가지를 쓰시오. (3점)

✅ **정답 및 해설**

① 루프(loop, 고리)형태 ② 커트 형태 ③ 복합형(루프형과 커트 형태의 복합형)

---

019 11②, 98

커튼의 주름 방법 4가지를 쓰시오. (4점)

✅ **정답 및 해설** 커튼의 주름 방법

① 홑주름 ② 겹주름(2겹, 3겹) ③ 함(상자)주름 ④ 게더 주름

---

020 05①

흡음재의 종류 3가지를 쓰시오. (3점)

✅ **정답 및 해설** 흡음재의 종류

① 어코스틱 타일 ② 목재 루버 ③ 구멍 합판

021

15②, 06①

보기에서 단열재의 조건을 모두 고르시오. (4점)

보기

① 열전도율이 크다.　　　② 비중이 작다.
③ 내식성이 있다.　　　　④ 기포가 크다.
⑤ 내화성이 있다.　　　　⑥ 어느 정도 기계적 강도가 있어야 한다.
⑦ 흡수성이 작다.

✔ 정답 및 해설 단열재의 조건

②(비중이 작다)　⑤(내화성이 있다)　⑥(어느 정도 기계적 강도가 있어야 한다)　⑦(흡수성이 작다)

022

10①, 02②

재료의 성능에 관한 단열재의 주요 성능 4가지를 쓰시오. (4점)

✔ 정답 및 해설 단열재의 주요 성능

① 보온, 보냉　② 방한, 방서　③ 결로 방지　④ 흡음, 차음

023

02②, 97, 95

다음 〈보기〉에서 방음 재료를 골라 번호로 기입하시오. (3점)

보기

① 탄화 코르크　　② 암면　　　③ 어코스틱 타일
④ 석면　　　　　⑤ 광재면　　⑥ 목재루버
⑦ 알루미늄부　　⑧ 구멍합판

✔ 정답 및 해설 방음 재료

③ 어코스틱 타일　⑥ 목재루버　⑧ 구멍합판

024

10①

비비기와 운반방식에 따른 레디믹스트 콘크리트(Ready mixed con'c)의 종류를 3가지 쓰시오. (3점)

✔ 정답 및 해설 레디믹스트 콘크리트의 종류

① 센트럴 믹스트 콘크리트　② 슈링크 믹스트 콘크리트　③ 트랜싯 믹스트 콘크리트

025 〔09②〕

건축에서 응결과 경화에 대한 내용을 구분하여 설명하시오. (4점)

(가) 응결 :
(나) 경화 :

✔️ **정답 및 해설** 용어 해설

① 응결 : 시멘트에 적당한 양의 물을 부어 뒤섞은 시멘트풀은 천천히 점성이 늘어남에 따라 유동성이 점차 없어져서 차차 굳어지는 상태로, 고체의 모양을 유지할 정도의 상태이다.
② 경화 : 응결된 시멘트의 고체는 시간이 지남에 따라 조직이 굳어져서 강도가 커지게 되는 상태를 말한다.

026 〔05③〕

박물관이나 미술과 전시실에 사용하는 특수 형광등으로 자외선 방출량이 일반 형광등에 비해 현저히 낮은 형광등의 명칭을 쓰시오. (2점)

✔️ **정답 및 해설** 자외선 차단 형광등

027 〔10③〕

천연 아스팔트의 종류 3가지를 쓰시오. (3점)

✔️ **정답 및 해설** 천연 아스팔트의 종류

① 레이크 아스팔트 ② 록 아스팔트 ③ 아스팔타이트

028 〔97〕

다음에서 관계있는 것끼리 연결하시오. (3점)

(가) 벤틸레이터   ① 지붕 재료
(나) 필름, 크로스   ② 공기 조절
(다) 에폭시   ③ 바름 바닥

✔️ **정답 및 해설** (가)-②(공기 조절) (나)-①(지붕 재료) (다)-③(바름 바닥)

029

내장공사에 사용되는 다음 용어를 설명하시오. (6점)

보기

① 도듬문 :
② 풀귀얄 :
③ 맹장지 :
④ 불발기 :

✔ 정답 및 해설 **용어 설명**

① 도듬문 : 문 울거미를 제외하고 중간을 두껍게 바른 문이다.
② 풀귀얄 : 풀칠을 하는 솔로서 보통은 빳빳한 돼지털이 사용되며, 털이 잘 빠지지 않게 하여야 한다.
③ 맹장지 : 울거미 전체를 종이로 싸서 바른 것이다.
④ 불발기 : 맹장지의 일부에 창호지를 바른 것이다.

PART
02

적산

우리는 건물을 만들고 그 다음에는 건물이 우리를
모양지어 갑니다.

- Winston Churchill -

CHAPTER 01 총론

001

19①, 07③, 06②

건축공사의 원가계산에 적용되는 공사원가 3요소를 쓰시오. (3점)

✔ 정답 및 해설 공사원가 3요소

① 재료비   ② 노무비   ③ 외주비

002

04③

공사관리 3대 요소를 쓰시오. (3점)

✔ 정답 및 해설 공사관리 3대 요소

① 원가 관리   ② 공정 관리   ③ 품질 관리

003

17③, 13①, 11②, 11③,

공사비 구성의 분류를 나타낸 것이다. 해당 번호에 적당한 용어를 쓰시오. (4점)

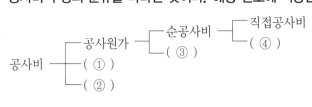

✔ 정답 및 해설 공사비 구성

① 일반관리비 부담금   ② 부가 이윤   ③ 현장 경비   ④ 간접 공사비

004

14③

건축재료의 할증률에 대하여 간단히 쓰시오. (3점)

✔ 정답 및 해설 건축재료의 할증률

공사에 사용되는 재료는 운반, 절단, 가공, 시공 중에 손실량이 발생하게 된다. 설계 도서에 의해 산출된 정미량에 손실량을 가산하여 주는 백분율이 재료의 할증률이다.

005

적산 시 사용되는 할증률을 ( ) 안에 써 넣으시오. (4점)

① 붉은 벽돌 ( )%   ② 시멘트 벽돌 ( )%
③ 블록 ( )%   ④ 모자이크 벽돌 ( )%
⑤ 테라코타 ( )%

✔ 정답 및 해설 건축재료의 할증률

① 3%   ② 5%   ③ 4%   ④ 3%   ⑤ 3%

006

다음 각 재료의 할증률을 보기에서 골라 써넣으시오. (5점)

보기

① 3%   ② 5%   ③ 10%

(가) 목재 각재 ( )%   (나) 수장재 ( )%
(다) 붉은 벽돌 ( )%   (라) 바닥 타일 ( )%
(마) 시멘트벽돌 ( )%   (바) 단열재 ( )%

✔ 정답 및 해설 건축재료의 할증률

(가)-②   (나)-②   (다)-①   (라)-①   (마)-②   (바)-③

007

건축공사에 사용되는 재료의 소요량은 손실량을 고려하여 할증률을 사용하고 있는데 재료의 할증률이 다음에 해당하는 것을 〈보기〉에서 골라 번호를 쓰시오. (4점)

보기

① 타일	② 붉은 벽돌	③ 원형철근
④ 이형철근	⑤ 시멘트 벽돌	⑥ 기와

(가) 3% 할증률 :

(나) 5% 할증률 :

✔ 정답 및 해설 건축재료의 할증률

(가) 3% 할증률 : ①, ②, ④

(나) 5% 할증률 : ③, ⑤, ⑥

008

다음 목재의 수량 산출 시 쓰이는 할증률이다. ( ) 안을 채우시오. (3점)

각재의 수량은 부재의 총 길이로 계산하되, 이음 길이와 토막 남김을 고려하여 (①)%를 증산하며, 합판은 총 소요면적을 한 장의 크기로 나누어 계산한다. 일반용은 (②)%, 수장용은 (③)%를 할증 적용한다.

✔ 정답 및 해설 건축재료의 할증률

① 5 ② 3 ③ 5

009

다음 ( ) 안에 알맞은 용어를 넣으시오. (3점)

적산에서는 명세 견적과 (①) 견적이 있는데, 이것은 (②), (③) 등을 산출하는 기준이다.

✔ 정답 및 해설 적산

① 개산 ② 공사량 ③ 공사비

010

다음 ( ) 안에 알맞은 말을 쓰시오. (4점)

> 적산은 공사에 필요한 재료, 품의 수량 즉, (①)을 산출하는 기술 활동이고, 견적은
> 그 (②)에 (③)를 곱하여 (④)를 산출하는 기술 활동이다.

✔ **정답 및 해설** 적산

① 공사량 ② 공사량 ③ 단가 ④ 공사비

011

다음의 용어를 설명하시오 (4점)

> ① 적산 :
> ② 견적 :

✔ **정답 및 해설** 용어 설명

① 적산 : 공사에 필요한 재료 및 수량 즉, 공사량을 산출하는 기술 활동이다.
② 견적 : 공사량에 단가를 곱하여 공사비를 산출하는 기술 활동이다.

012

적산과 견적의 정의와 차이점 2가지를 쓰시오. (4점)

✔ **정답 및 해설** 적산과 견적의 차이점

① 적산으로 산출된 공사량은 일정치가 되고, 견적은 계약 조건, 시공 장소, 공사 기일 기타 조건에 따라 변동될 수 있다.
② 적산은 건축에 관한 기초 지식만 있으면 초보자라도 성의와 근면으로 이룩할 수 있고, 견적은 풍부한 경험, 충분한 지식, 정확한 판단력 등이 있어야 가능하다.

013

개산 견적의 단위 기준에 의한 분류 3가지를 적으시오. (3점)

✔ **정답 및 해설** 개산 견적의 단위 기준에 의한 분류

① 단위 설비에 의한 견적 : (1실의 통계 가격×실의 수)
② 단위 면적에 의한 견적 : 비교적 정확도가 높은 경우로서 1㎡를 기준으로 산정한다.
③ 단위 체적에 의한 견적 : 특수한 경우와 층고가 매우 높은 경우로서 1㎥를 기준으로 산정한다.

최적 공기에 대하여 총공사비 곡선을 그리고 설명하시오. (3점)

(1) 총공사비 곡선 :
(2) 최적 공기 :

✔ 정답 및 해설

(1) 총공사비의 곡선

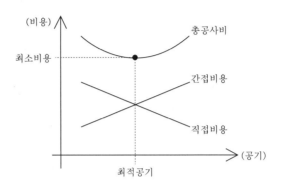

(2) 최적 공기는 총공사비(total cost)가 최소가 되는 가장 경제적인 공기를 말하고, 직접비(노무비, 재료비, 정상 작업비, 부가세, 경비 등)와 간접비(관리비, 감가상각비, 공사 기간의 단축으로 일정액이 감소) 곡선이 교차되는 공사 기간이다.

CHAPTER 02 가설 공사

001

11②

다음 그림은 건물의 평면도이다. 이 건물이 지상 5층일 때 내부 비계 면적을 산출하시오. (4점)

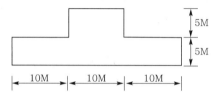

✔ 정답 및 해설   **내부 비계 면적의 산출**

내부 비계의 비계 면적은 연면적의 90%로 한다. 즉, 연면적×0.9이다.
그러므로, 내부 비계의 면적=연면적×0.9=각 층의 바닥면적×0.9
$$= [(30 \times 5) + (10 \times 5)] \times 5 \times 0.9 = 900m^2 \text{이다.}$$

002

12②, 09③, 08②, 02③

아래의 평면과 같은 3층 건물의 전체 공사에 필요한 내부 비계 면적을 구하시오. (4점)

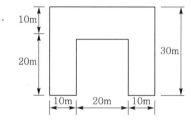

✔ 정답 및 해설   **내부 비계 면적의 산출**

내부 비계의 비계 면적은 연면적의 90%로 한다. 즉, 연면적×0.9이다.
그러므로, 내부 비계의 면적=연면적×0.9=각 층의 바닥면적×0.9
$$= [(40 \times 30) - (20 \times 20)] \times 3 \times 0.9 = 2,160m^2 \text{이다.}$$

003

다음 평면도에서 쌍줄비계로 할 때 내부 비계 면적을 산출하시오. (단, 층수는 5층으로 한다.)

(4점)

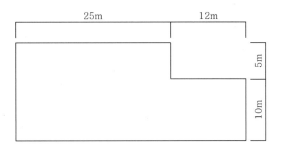

✔ **정답 및 해설** 내부 비계 면적의 산출

내부 비계의 비계 면적은 연면적의 90%로 한다. 즉, 연면적×0.9이다.

그러므로, 내부 비계의 면적=연면적×0.9=각 층의 바닥면적×0.9

$$=[(37 \times 15) - (12 \times 5)] \times 5 \times 0.9 = 2,227.5 m^2 \text{이다.}$$

004

다음 그림과 같은 건물을 실내 장식하기 위한 내부 비계 면적을 구하시오. (단, 각 층의 높이는 3.6m이다.) (5점)

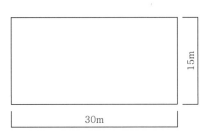

[평면도]

[단면도]

✔ **정답 및 해설** 내부 비계 면적의 산출

내부 비계의 비계 면적은 연면적의 90%로 한다. 즉, 연면적×0.9이다.

그러므로, 내부 비계의 면적=연면적×0.9=각 층의 바닥면적×0.9

$$=(30 \times 15) \times 6 \times 0.9 = 2,430 m^2 \text{이다.}$$

005

아래 그림과 같은 건물에 내부 비계를 설치하려고 한다. 내부 비계 면적을 산출하시오. (6점)

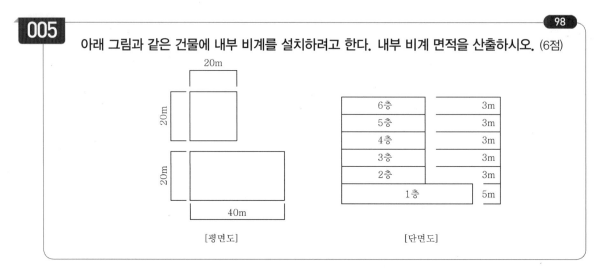

[평면도]　　　　　[단면도]

✓ 정답 및 해설 **내부 비계 면적의 산출**

내부 비계의 비계 면적은 연면적의 90%로 한다. 즉, 연면적×0.9이다.

그러므로, 내부 비계의 면적＝연면적×0.9＝각 층의 바닥면적×0.9

$$= [(20 \times 40) \times 1 + (20 \times 20) \times 5] \times 0.9 = 2,520 \text{m}^2 \text{이다.}$$

006

다음 외부 쌍줄비계 면적이 얼마인가 산출하시오. (단, $H = 8\text{m}$) (4점)

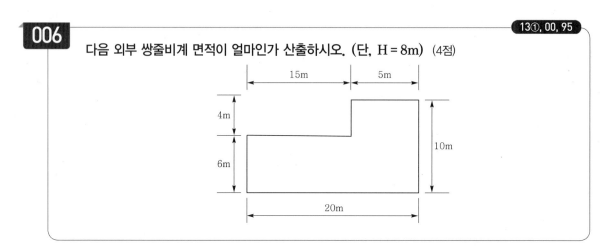

✓ 정답 및 해설 **외부 쌍줄비계 면적**

벽 중심선에서 90cm 거리의 지면에서 건물 높이까지의 외부 면적으로 산출한다.

그러므로, A(쌍줄비계의 면적)＝$H(l + 7.2) = 8 \times [(15 + 5 + 4 + 6) \times 2 + 7.2] = 537.6\text{m}^2$

007

쌍줄비계 설치 시 외부 비계 면적을 산출하시오. (단, 건물의 높이는 15m이다.) (5점)

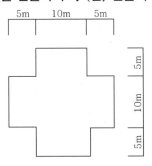

✔ **정답 및 해설** **외부 쌍줄비계 면적**

벽 중심선에서 90cm 거리인 지면에서 건물 높이까지의 외부 면적으로 산출한다.

그러므로, A(쌍줄비계의 면적) $= H(l + 7.2) = 15 \times [(20 + 20) \times 2 + 7.2] = 1{,}308\text{m}^2$

008

도로에 인접한 다음 건물의 쌍줄비계 면적을 구하시오. (5점)

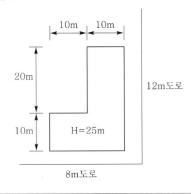

✔ **정답 및 해설** **외부 쌍줄비계 면적**

벽 중심선에서 90cm 거리인 지면에서 건물 높이까지의 외부 면적으로 산출한다.

그러므로, A(쌍줄비계의 면적) $= H(l + 7.2) = 25 \times [(10 + 10 + 20 + 10) \times 2 + 7.2] = 2{,}680\text{m}^2$

009

다음 평면도에서 쌍줄비계를 설치할 때 외부 비계 면적을 산출하시오. (단, H = 25m) (4점)

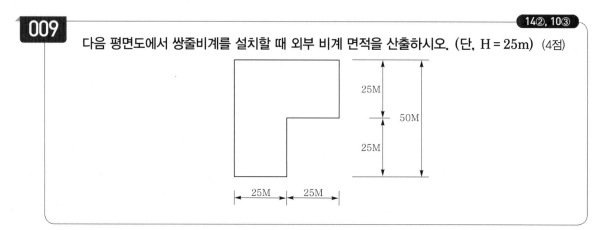

✔ 정답 및 해설 **외부 쌍줄비계 면적**

벽 중심선에서 90cm 거리의 지면에서 건물 높이까지의 외부 면적으로 산출한다.

그러므로, A(쌍줄비계의 면적) $= H(l+7.2) = 25 \times [(25+25+25+25) \times 2 + 7.2] = 5,180\text{m}^2$

CHAPTER 03 조적 공사

001

98, 93

벽돌 1.0B 쌓기 할 때 기본형 및 표준형 벽돌 장수는 얼마인가? (4점)

✔ 정답 및 해설 벽돌의 단위 소요량

① 1.0B 두께의 표준형 벽돌 : 149매/m² ② 1.0B 두께의 기본형 벽돌 : 130매/m²

002

11③

다음 벽돌의 m²당 단위 소요량을 써넣으시오. (4점)

	0.5B	1.0B	1.5B	2.0B
기본형	(①)	(②)	(③)	(④)
표준형	(⑤)	(⑥)	(⑦)	(⑧)

✔ 정답 및 해설 벽돌의 단위 소요량

① 65매 ② 130매 ③ 195매 ④ 260매 ⑤ 75매 ⑥ 149매 ⑦ 224매 ⑧ 298매

003

06③

0.5B 벽돌 쌓기로 표준형 (①)매, 기본형 (②)매가 소요된다. (2점)

✔ 정답 및 해설 벽돌의 단위 소요량

① 75 ② 65

004

00

폭 4.5m, 높이 2.5m의 벽에 1.5×1.2m의 창이 있을 경우 19cm×9cm×5.7cm의 붉은 벽돌을 줄눈 나비 10mm로 쌓고자 한다. 이때 붉은 벽돌의 소요량은 몇 매인가? (단, 벽돌쌓기는 0.5B이며 할증은 고려치 않는다.) (4점)

✔ 정답 및 해설 벽돌의 소요량

① 벽면적의 산정 : 벽의 길이×벽의 높이=$(4.5 \times 2.5) - (1.5 \times 1.2) = 9.45 \text{m}^2$

② 표준형이고 벽 두께가 0.5B이므로 75매/m²이고, 할증률은 3%이다.

①, ②에 의해서 벽돌의 소요량=75매/$\text{m}^2 \times 9.45\text{m}^2 = 708.75 ≒ 709$매이다.

005

02②

벽 길이 10m, 높이 2.5m인 벽돌 벽을 1.0B로 쌓을 경우 벽돌의 실제 소요량을 산출하시오. (단, 벽돌 규격은 표준형이고 적벽돌임) (4점)

✔ **정답 및 해설** 벽돌의 소요량

① 벽면적의 산정 : 벽의 길이×벽의 높이 $= 10 \times 2.5 = 25\mathrm{m}^2$

② 표준형이고 벽 두께가 1.0B이므로 149매/㎡이고, 할증률은 3%이다.

①, ②에 의해서 벽돌의 소요량 $= 149$매$/\mathrm{m}^2 \times 25\mathrm{m}^2 \times (1+0.03) = 3,836.75 ≒ 3,837$매이다.

006

14①

벽의 높이가 2.5m이고 길이가 10m인 벽을 시멘트 벽돌로 1.0B 쌓을 때의 소요량을 구하시오. (단, 벽돌은 표준형이다.) (4점)

✔ **정답 및 해설** 벽돌의 소요량

① 벽면적의 산정 : 벽의 길이×벽의 높이 $= 10 \times 2.5 = 25\mathrm{m}^2$

② 표준형이고 벽 두께가 1.0B이므로 149매/㎡이고, 할증률은 5%이다.

①, ②에 의해서 벽돌의 소요량 $= 149$매$/\mathrm{m}^2 \times 25\mathrm{m}^2 \times (1+0.05) = 3,912$매이다.

007

15①

벽의 높이가 2.5m이고, 길이가 8m인 벽을 시멘트 벽돌로 1.5B 쌓을 때 소요량을 구하시오. (단, 벽돌은 표준형 190mm×90mm×57mm이다.) (4점)

✔ **정답 및 해설** 벽돌의 소요량

① 벽면적의 산정 : 벽의 길이×벽의 높이 $= 8 \times 2.5 = 20\mathrm{m}^2$

② 표준형이고, 벽 두께가 1.5B이므로 224매/㎡이고, 할증률은 5%이다.

①, ②에 의해서 벽돌의 소요량 $= 224$매$/\mathrm{m}^2 \times 20\mathrm{m}^2 \times (1+0.05) = 4,704$매이다.

008 길이 15m, 높이 2.4m인 벽을 표준형 시멘트벽돌을 사용하여 0.5B 쌓기를 할 때 정미량을 구하시오. (4점)

✅ **정답 및 해설** 벽돌의 정미량

① 벽면적의 산정 : 벽의 길이×벽의 높이 $= 15 \times 2.4 = 36\text{m}^2$

② 표준형이고, 벽 두께가 0.5B이므로 75매/m²이고, 할증률은 5%이다.

①, ②에 의해서 벽돌의 소요량$= 75\text{매}/\text{m}^2 \times 36\text{m}^2 = 2,700$매이다.

009 길이 150m, 높이 3m, 1.0B 쌓기 시멘트 벽돌벽의 정미량과 소요량을 산출하시오. (단, 벽돌 규격은 표준형임) (4점)

✅ **정답 및 해설** 벽돌의 정미량과 소요량

① 벽면적의 산정 : 벽의 길이×벽의 높이 $= 150 \times 5 = 450\text{m}^2$

② 표준형이고 벽 두께가 1.0B이므로 149매/m²이고, 할증률은 5%이다.

①, ②에 의해서 벽돌의 정미량$= 149\text{매}/\text{m}^2 \times 450\text{m}^2 = 67,050$매이다.

또한, 벽돌의 소요량=벽돌의 정미량×(1+할증률)$= 67,050 \times (1+0.05) = 70,403$매이다.

010 표준형 벽돌로 10m²를 1.5B 보통 쌓기할 때의 벽돌량과 모르타르량을 산출하시오. (단, 할증률은 고려하지 않음) (4점)

① 벽돌량 :

② 모르타르량 :

✅ **정답 및 해설** 벽돌의 정미량과 모르타르량을 산출

① 벽돌의 정미량 산출

㉮ 벽면적의 산정 : 10m²

㉯ 표준형이고 벽 두께가 1.5B이므로 224매/m²이고, 할증률은 3%이다.

㉮, ㉯에 의해서 벽돌의 정미량$= 224\text{매}/\text{m}^2 \times 10\text{m}^2 = 2,240$매이다.

② 모르타르의 소요량은 벽돌 1,000매당 0.35m³이므로 $0.35 \times \dfrac{2,240}{1,000} = 0.784\text{m}^3$

그러므로, 벽돌의 소요(정미)량은 2,240매이고, 모르타르의 양은 0.784m³이다.

011

길이 10m, 높이 2m, 1.0B 벽돌벽의 벽돌 매수와 쌓기 모르타르의 정미량을 구하시오. (표준형 벽돌 사용, 할증률 포함 안함) (4점)

① 벽돌매수 :

② 모르타르 량 :

✓ **정답 및 해설** 벽돌의 정미량과 모르타르량을 산출

① 벽돌의 정미량 산출

㉮ 벽면적의 산정 : 벽의 길이×벽의 높이 $= 10 \times 2 = 20\text{m}^2$

㉯ 표준형이고 벽 두께가 1.0B이므로 149매/㎡이고, 할증률은 3%이다.

㉮, ㉯에 의해서 벽돌의 정미량 $= 149\text{매}/\text{m}^2 \times 20\text{m}^2 = 2,980$매이다.

② 모르타르의 소요량은 벽돌 1,000매당 0.33㎥이므로 $0.33 \times \dfrac{2,980}{1,000} = 0.983\text{m}^3$

그러므로, 벽돌의 소요(정미)량은 2,980매이고, 모르타르의 양은 0.983㎥이다.

012

길이 12.8m, 높이 2.4m, 1.5B 벽돌벽 쌓기 시 벽돌량 및 쌓기 모르타르량을 산출하시오.

(3점)

✓ **정답 및 해설** 벽돌의 정미량과 모르타르량을 산출

① 벽돌의 정미량 산출

㉮ 벽면적의 산정 : 벽의 길이×벽의 높이 $= 12.8 \times 2.4 = 30.72\text{m}^2$

㉯ 표준형이고 벽 두께가 1.5B이므로 244매/㎡이고, 할증률은 3%이다.

㉮, ㉯에 의해서 벽돌의 정미량 $= 244\text{매}/m^2 \times 30.72m^2 = 6,881.2$매 ≒ 6,882매이다.

② 모르타르의 소요량은 벽돌 1,000매당 0.35㎥이므로 $0.35 \times \dfrac{6,882}{1,000} = 0.2408\text{m}^3$ ≒ 0.241㎥

그러므로, 벽돌의 소요(정미)량은 6,882매이고, 모르타르의 양은 0.241㎥이다.

013

17②, 13②, 13③, 01③, 96, 94

다음과 같은 붉은 벽돌을 쌓기 위해서 구입해야 할 벽돌 매수(표준형, 정미량)와 쌓기 모르타르량을 산출하시오. (단, 벽 두께 1.0B, 벽 길이 100m, 벽 높이 3m, 개구부크기 1.8×1.2m (10개), 줄눈나비 10mm) (4점)

✅ **정답 및 해설** 벽돌의 정미량과 모르타르량을 산출

① 벽돌의 정미량 산출

㉮ 벽면적의 산정 : (벽의 길이×벽의 높이) − 개구부의 면적 $= (100 \times 3) - (1.8 \times 1.2 \times 10) = 278.4 \text{m}^2$

㉯ 표준형이고 벽 두께가 1.0B이므로 149매/㎡이고, 할증률은 3%이다.

㉮, ㉯에 의해서 벽돌의 정미량 $= 149$매$/\text{m}^2 \times 278.4\text{m}^2 = 41,481.6$매 ≒ 41,482매이다.

② 모르타르의 소요량은 벽돌 1,000매당 0.33m³이므로

$0.33 \times \dfrac{41,482}{1,000} = 13.689\text{m}^3 ≒ 13.69\text{m}^3$

그러므로, 벽돌의 소요(정미)량은 41,482매이고, 모르타르의 양은 13.69m³이다.

014

06①

시멘트 벽돌이 500장, 2.0B 두께일 때 벽면적을 구하시오. (단, 할증을 고려, 소수점 셋째 자리에서 반올림함) (4점)

✅ **정답 및 해설** 시멘트 벽돌 벽면적의 산출

표준형이고 벽 두께가 2.0B이므로 298매/㎡이다.

그래프로 할증률 3%를 가산하면 298×(1+0.03)=307매, 그러므로 할증률 3%를 가산하면 298×(1+0.03)=307매 그런데, 벽돌의 매수가 500매이다.

그러므로, 벽면적 $= \dfrac{\text{벽돌의 매수}}{2.0\text{B 벽체의 정미량}} = \dfrac{500}{307} = 1.63\text{m}^2$이다.

015

19③, 09①

표준형 벽돌 1,000장을 1.5B 두께로 쌓을 수 있는 벽면적을 구하시오. (4점)

✅ **정답 및 해설** 벽돌 벽면적의 산출

표준형이고 벽 두께가 1.5B이므로 224매/㎡이다. 그런데, 벽돌의 매수가 1,000매이다.

그러므로, 벽면적 $= \dfrac{\text{벽돌의 매수}}{1.5\text{B 벽체의 정미량}} = \dfrac{1,000}{224} = 4.464\text{m}^2 ≒ 4.46\text{m}^2$이다.

07②

016

표준형 벽돌 1,500장으로 1.5B 쌓기를 할 경우 최대한 쌓을 수 있는 면적은? (단, 손실은 고려하지 않는다.) (3점)

✔ **정답 및 해설** 벽돌 벽면적의 산출

표준형이고 벽 두께가 1.5B이므로 224매/㎡이다.

그런데, 벽돌의 매수가 1,500매이다.

그러므로, 벽면적 $= \dfrac{\text{벽돌의 매수}}{\text{1.5B 벽체의 정미량}} = \dfrac{1,500}{224} = 6.696\text{m}^2 ≒ 6.7\text{m}^2$이다.

03②, 97, 94

017

표준형 시멘트 벽돌 3,000장을 쌓을 수 있는 2.0B 벽 두께의 벽면적은 얼마인가? (단, 할증률을 고려하며 소수점 둘째 자리 이하 버림) (4점)

✔ **정답 및 해설** 시멘트 벽돌 벽면적의 산출

표준형이고, 벽 두께가 2.0B이므로 298매/㎡이고, 벽돌의 매수가 3,000매이며, 할증률을 포함하므로 $298 \times (1+0.05) = 312.9$매/㎡이다.

그러므로, 벽면적 $= \dfrac{\text{벽돌의 매수}}{\text{2.0B 벽체의 정미량}} = \dfrac{3,000}{312.9} = 9.587\text{m}^2 ≒ 9.59\text{m}^2$이다.

10③

018

표준형 시멘트 벽돌 5,000장을 2.0B 쌓기로 할 경우 벽면적은 얼마인가? (단, 할증률을 고려하고, 소수점 셋째 자리에서 반올림) (3점)

✔ **정답 및 해설** 시멘트 벽돌벽 면적의 산출

표준형이고 벽 두께가 2.0B이므로 298매/㎡이다.

그런데, 벽돌의 매수가 500매이다.

그러므로, 벽면적 $= \dfrac{\text{벽돌의 매수}}{\text{2.0B 벽체의 정미량}} = \dfrac{5,000}{298 \times (1+0.05)} = 15.979\text{m}^2 ≒ 15.98$이다.

19②, 16②, 09②, 96

019

길이 100m, 높이 2.4m인 블록벽 공사 시 블록 장수를 계산하시오. (단, 블록은 기본형 150×190×390, 할증률 4% 포함) (4점)

✔ **정답 및 해설** 블록 매수의 산정

① 벽면적의 산정 : 벽의 길이×벽의 높이 $= (100 \times 2.4) = 240\text{m}^2$

② 기본형 블록이므로 12.5매/㎡(정미량)이고, 할증률은 4%이다.

①, ②에 의해서 블록의 정미량 $= 12.5 \times (1+0.04) = 13$매/㎡ $\times 24$㎡ $= 312$매이다.

목 공사

13③, 04①, 01②, 99, 93

001

다음 그림과 같은 문틀을 제작하는데 필요한 목재량(m^3)을 산출하시오. (단, 소수 셋째 자리에서 반올림하시오.) (5점)

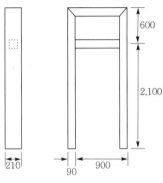

✔ 정답 및 해설 **목재량 산출**

목재의 양＝수평재의 양＋수직재의 양

＝수평재의 체적×개수＋수직재의 체적×개수

＝수평재의 단면적×길이×개수＋수직재의 단면적×길이×개수

＝$(0.21 \times 0.09) \times 0.9 \times 2 + (0.21 \times 0.09) \times 2.7 \times 2 = 0.14 m^3$이다.

18③, 07②

002

다음 그림과 같은 목재의 창문틀에 소요되는 목재량(m^3)을 구하시오. (단, 목재의 단면치수는 90mm×90mm이다.) (4점)

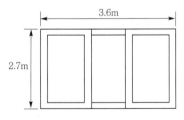

✔ 정답 및 해설 **목재량의 산출**

목재의 양＝수평재의 양＋수직재의 양

＝수평재의 체적×개수＋수직재의 체적×개수

＝수평재의 단면적×길이×개수＋수직재의 단면적×길이×개수

＝$(0.09 \times 0.09) \times 3.6 \times 2 + (0.09 \times 0.09) \times 2.7 \times 4 = 0.1458 ≒ 0.146 m^3$이다.

003

아래 창호의 목재량(m^3)을 구하시오. (3점)

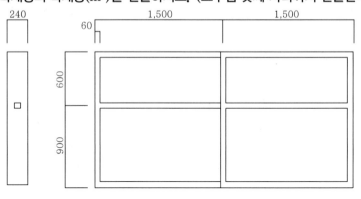

✔ 정답 및 해설 목재량 산출

목재의 양＝수평재의 양＋수직재의 양

＝수평재의 체적×개수＋수직재의 체적×개수

＝수평재의 단면적×길이×개수＋수직재의 단면적×길이×개수

$= (0.24 \times 0.06) \times 2.3 \times 3 + (0.24 \times 0.06) \times 1.5 \times 3 = 0.164 m^3$이다.

004

그림과 같은 목재창의 목재량(m^3)을 산출하시오. (소수점 넷째 자리까지 산출한다.) (5점)

✔ 정답 및 해설 목재량 산출

목재의 양＝수평재의 양＋수직재의 양

＝수평재의 체적×개수＋수직재의 체적×개수

＝수평재의 단면적×길이×개수＋수직재의 단면적×길이×개수

$= (0.24 \times 0.06) \times 3 \times 3 + (0.24 \times 0.06) \times 1.5 \times 3 = 0.1944 m^3$이다.

005

다음 재료의 규격을 토대로 목재량을 산출하시오. (4점)

$$30cm \times 12cm \times 2.6m \times 200(개)$$

✓ 정답 및 해설 목재량 산출

목재의 양＝부재의 단면적×길이×개수

$$= (0.3 \times 0.12) \times 2.6 \times 200 = 18.72 m^3 이다.$$

006

그림과 같은 목재창의 목재량(才) 수를 산출하시오. (창문틀의 규격은 33mm×21mm 이다. 소수 넷째 자리까지 산출하시오.) (5점)

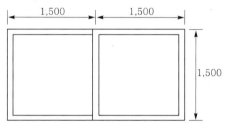

✓ 정답 및 해설 목재량 산출

1사이(才)＝1치×1치×12자＝3.03cm×3.03cm×(30.3cm×12)이다.

목재의 양＝수평재의 양＋수직재의 양

① 수평재의 양＝$\dfrac{수평재의 \ 양}{1사이}$＝$\dfrac{33 \times 21 \times 3,000 \times 2}{30.3 \times 30.3 \times (12 \times 303)}$＝1.2456才이다.

② 수직재의 양＝$\dfrac{수직재의 \ 양}{1사이}$＝$\dfrac{33 \times 21 \times 1,500 \times 3}{30.3 \times 30.3 \times (12 \times 303)}$＝0.9342才이다

그러므로, ①＋②＝1.2456＋0.9342＝2.1798才이다.

007

다음 적벽돌 벽의 소요량을 계산하고, 목재 창문틀의 재(才)수를 구하여라. (단, 벽두께는 1.5B이고, 벽돌규격은 표준형임) (6점)

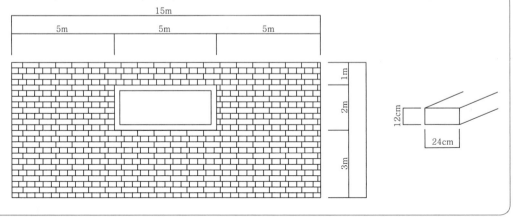

✔정답 및 해설 **벽돌 및 목재량 산출**

① 벽돌의 소요량 산출

㉮ 벽면적의 산정 : 벽의 길이×벽의 높이＝$(15 \times 6) - (5 \times 2) = 80 \mathrm{m}^2$

㉯ 표준형이고 벽 두께가 1.5B이므로 224매/m²이고, 할증률은 3%이다.

㉮, ㉯에 의해서 벽돌의 소요(정미)량＝224매/$\mathrm{m}^2 \times 80\mathrm{m}^2 = 17{,}920$매 이다.

② 목재의 양＝수평재의 양＋수직재의 양

㉮ 수평재의 양＝$\dfrac{수평재의\ 양}{1사이} = \dfrac{240 \times 120 \times 5{,}000 \times 2}{30.3 \times 30.3 \times (12 \times 303)} = 86.2768\,才이다.$

㉯ 수직재의 양＝$\dfrac{수직재의\ 양}{1사이} = \dfrac{240 \times 120 \times 2{,}000 \times 2}{30.3 \times 30.3 \times (12 \times 303)} = 34.5099\,才이다$

그러므로, ㉮＋㉯＝$86.2768 + 34.5099 = 120.7867 ≒ 120.79\,才이다.$

타일 공사

001

다음과 같은 화장실의 바닥에 사용되는 타일 수량을 산출하시오. (단, 타일의 규격은 10cm×10cm이고, 줄눈 두께를 3mm로 한다.) (3점)

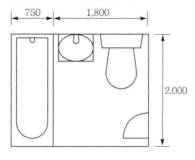

✔ **정답 및 해설** **타일 정미량의 산출**

타일의 소요량＝시공면적×단위 수량

$$=시공면적\times(\frac{1m}{타일의\ 가로\ 길이+타일의\ 줄눈})\times(\frac{1m}{타일의\ 세로\ 길이+타일의\ 줄눈})$$

$$=1.8\times2\times(\frac{1}{0.1+0.003}\times\frac{1}{0.1+0.003})=339.34≒340매이다.$$

002

바닥면적 12m²에 타일 10.5cm×10.5cm, 줄눈간격 10mm를 붙일 때 필요한 타일의 수량을 정미량으로 산출하시오. (3점)

✔ **정답 및 해설** **타일 정미량의 산출**

타일의 소요량＝시공 면적×단위 수량

$$=시공면적\times(\frac{1m}{타일의\ 가로\ 길이+타일의\ 줄눈})\times(\frac{1m}{타일의\ 세로\ 길이+타일의\ 줄눈})$$

$$=12\times(\frac{1}{0.105+0.01}\times\frac{1}{0.105+0.01})=907.4≒908매이다.$$

003
05②, 96, 95

타일의 크기가 10.5cm×10.5cm, 줄눈 두께가 10mm일 때에 바닥면적 120m²에 필요한 타일의 정미수량(매수)은 얼마인가? (4점)

✔ 정답 및 해설 **타일 정미량의 산출**

타일의 소요량=시공면적×단위 수량

$$=시공면적 \times (\frac{1m}{타일의\ 가로\ 길이 + 타일의\ 줄눈}) \times (\frac{1m}{타일의\ 세로\ 길이 + 타일의\ 줄눈})$$

$$=120 \times (\frac{1}{0.105+0.01} \times \frac{1}{0.105+0.01}) = 9,073.7 ≒ 9,074 매이다.$$

004
17③, 13②

그림과 같은 평면도의 바닥을 리놀륨 타일로 마감하였을 경우, 리놀륨 타일 붙임에 소요되는 재료량을 산출하시오. (단, 벽두께는 20cm이다.) (4점)

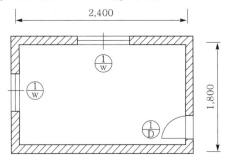

✔ 정답 및 해설 **리놀륨의 적산**

리놀륨 타일의 사용량은 1.05m²/m²이고, 접착제 사용량은 0.39~0.45kg/m²이다.

① 리놀륨 타일 붙임 면적=실의 정미 면적=(2.4−0.2)×(1.8−0.2)=3.52m²

② 재료량의 산출

　　㉮ 리놀륨 타일 : 리놀륨 타일 붙임면적×1.05=3.52×1.05=3.7m^2

　　㉯ 접착제 : 리놀륨 타일 붙임면적×(0.39~0.45)=3.52×(0.39~0.45)=1.37~1.58kg

그러므로, 리놀륨 타일은 3.7m², 접착제는 1.37~1.58kg이다.

005

다음 도면을 보고 사무실과 홀의 바닥에 필요한 재료량을 산출하시오. (단, 화장실은 제외)

(6점)

종 류	수 량
타일(60mm 각형)	260(매)
인부수	0.09인
도장공	0.03인
접착제	0.4kg

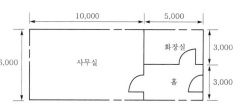

① 타일량
② 인부수
③ 도장공
④ 접착제

✔ **정답 및 해설** **재료량의 산출**

① 타일량의 산출 : 바닥면적×단위수량=$[(10 \times 6) + (5 \times 3)] \times 260 = 19,500$매이다.

② 인부수의 산출 : 바닥면적×0.09인=$[(10 \times 6) + (5 \times 3)] \times 0.09 = 6.75 ≒ 7$인이다.

③ 도장공의 산출 : 바닥면적×0.03인=$[(10 \times 6) + (5 \times 3)] \times 0.03 = 2.25$인 ≒ 3인이다.

④ 접착제의 산출 : 바닥면적×0.4kg=$[(10 \times 6) + (5 \times 3)] \times 0.4 = 30kg$이다.

001

16③

양판문의 규격이 90mm×2,100mm이다. 전체 칠면적을 산출하시오. (단, 문 매수는 10개, 칠 배수는 3이다.) (3점)

☑ **정답 및 해설** **칠면적의 산출**

양판문의 양면 칠의 경우, 칠면적=(안목면적)×(칠 배수)이다.

그런데 일반적으로 칠 배수는 3~4로 산정하나, 문제에서 3으로 주어졌으므로 3으로 산정한다.

그러므로 창호 하나의 칠면적=(안목면적)×3=$(0.9 \times 2.1) \times 3 = 5.67\text{m}^2$이고, 창호의 개수가 10개이므로 전체 칠 면적=$5.67 \times 10 = 56.7\text{m}^2$이다.

002

15②, 12①

문틀이 복잡한 양판문의 규격이 900mm×2,100mm이다. 전체 칠면적을 산출하시오. (단, 문 매수는 20개, 칠 배수는 4) (4점)

☑ **정답 및 해설** **칠면적의 산출**

양판문의 양면칠의 경우, 칠면적=(안목면적)×(칠 배수)이다.

그런데 일반적으로 칠 배수는 3~4로 산정하나, 문제에서 4로 주어졌으므로 4로 산정한다.

그러므로 창호 하나의 칠면적=(안목면적)×3=$(0.9 \times 2.1) \times 4 = 7.56\text{m}^2$이고, 창호의 개수가 20개이므로 전체 칠면적=$7.56 \times 20 = 151.2\text{m}^2$이다.

003

05①

바닥 면적 600m²를 1일에 미장공 5인을 동원할 경우 작업완료에 필요한 소요 일수를 산출하시오. (단, 아래와 같은 품셈을 기준으로 한다.) (4점)

구분	단위	수량
미장공	인	0.05

☑ **정답 및 해설** **소요 일수의 산출**

① 미장공은 0.05인/m²이므로 총 소요 미장공=$600 \times 0.05 = 30$명이다.

② 소요 일수=$\dfrac{\text{총 소요 미장공}}{\text{1일 작업 미장공}} = \dfrac{30}{5} = 6$일

004

다음 아래 도면과 같은 철근콘크리트 건물에서 벽체와 기둥의 콘크리트량을 산출하시오. (4점)

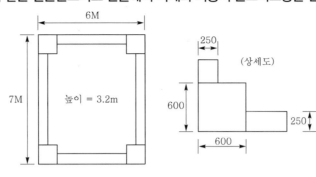

✔ 정답 및 해설 **콘크리트량의 산출**

① 기둥의 콘크리트량=기둥의 체적=기둥의 단면적×기둥의 높이

$$=(0.6\times0.6)\times3.2\times4=4.608\text{m}^3$$

② 벽체의 콘크리트량=벽체의 체적=벽체의 단면적×벽체의 높이

$$=[0.25\times(6-1.2)]\times3.2\times2+[0.25\times(7-1.2)]\times3.2\times2=16.96\text{m}^3$$

005

다음 용어를 간략히 설명하시오. (3점)

① 격리재(separator)
② 긴결재(form tie)
③ 간격재(spacer)

✔ 정답 및 해설 **용어 해설**

① 격리재(separator) : 거푸집 상호 간의 간격을 유지하기 위해 설치하는 긴장재이다.
② 긴결재(form tie) : 거푸집의 간격을 유지하며, 벌어지는 것을 막는 긴장재이다.
③ 간격재(spacer) : 철근과 거푸집, 철근과 철근의 간격을 유지하고, 슬래브에 배근되는 철근이 거푸집에 밀착하는 것을 방지하기 위한 것으로 철재, 철근재, 모르타르재 등이 있다.

006
08③

목재 미서기 창을 양면 칠로 도장하려고 한다. 칠 배수면적을 기입하시오. (4점)

☑ 정답 칠 배수면적

1.1배 ~ 1.7배

☑ 해설

구 분		소요 면적 계산	비 고
목재면	양판문(양면칠)	(안목면적)×(3.0~4.0)	문틀, 문선 포함
	플러시문(양면칠)	(안목면적)×(2.7~3.0)	문틀, 문선 포함
	미서기창(양면칠)	**(안목면적)×(1.1~1.7)**	문틀, 문선, 창선반 포함
철재면	철문(양면칠)	(안목면적)×(2.4~2.6)	문틀, 문선 포함
	새시(양면칠)	(안목면적)×(1.6~2.0)	문틀, 창선반 포함
	셔터(양면칠)	(안목면적)×(2.6~4.0)	박스 포함
징두리판벽, 두겁대, 걸레받이		(바탕 면적)×(1.5~2.5)	
철계단(양면칠)		(경사면적)×(3.0~5.0)	
파이프 난간(양면칠)		(난간면적)×(0.5~1.0)	

007
16①

다음 아래 도면을 보고 지붕 면적을 산출하시오. (4점)

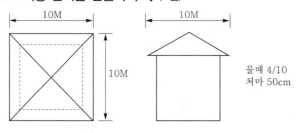

물매 4/10
처마 50cm

☑ 정답 및 해설 지붕 면적의 산출

지붕의 면적=지붕의 면적×지붕면의 개수

$\qquad$ ={지붕의 길이×(지붕 한 쪽 면 삼각형의 높이/2)}×지붕면의 개수

$\qquad$ ={지붕의 길이×($\sqrt{(스팬/2)^2+(용마루의\ 높이)^2}$/2)}×지붕면의 개수

$\qquad$ ={지붕의 길이×($\sqrt{(스팬/2)^2+(스팬/2×물매)^2}$/2)}×지붕면의 개수

$\qquad$ =$10 \times [\sqrt{(\frac{10}{2})^2+(\frac{10}{2} \times \frac{4}{10})^2}]/2 \times 4 = 107.7m^2$ 이다.

PART

03

공정 및
품질 관리

핵심만 모은
실내건축산업기사
실기시공실무

건물의 설계와 도시의 설계는 인간을 수용하는 공간으로
간주되어야 한다.

- Eliel Saarinen -

CHAPTER 01 총론

001
99, 94

공정표의 종류를 4가지 쓰시오. (4점)

✓ 정답 및 해설 공정표의 종류

① 횡선식 공정표 : 세로에 각 공정, 가로에 날짜를 잡고, 공정을 막대그래프로 표시하고 공사 진척 상황을 기입하며, 예정과 실시를 비교하면서 관리하는 공정표

② 사선(절선)식 공정표 : 세로에 공사량, 총 인부 등을 표시하고, 가로에 월일, 일수 등을 표시하여 일정한 절선을 가지고 공사의 진행 상태를 수량적으로 나타낸 것으로, 각 부분의 공사의 상세를 나타내는 부분 공정표에 알맞고 노무자와 재료의 수배에 적합한 공정표이다.

③ 열기식 공정표 : 가장 간단한 공정표로 공사의 착수와 완료 기일, 재료 준비, 인부 수 및 재료의 주문 등을 글로 나열하는 방법으로 부분 공정표를 나타낼 때 사용하는 공정표이다.

④ 네트워크 공정표 : 각 작업의 상호 관계를 네트워크로 표현하는 공정표이다.

002
97, 93

다음 공정표의 중요 요소 4가지를 쓰시오. (4점)

✓ 정답 및 해설 공정표의 중요 요소

① 공정의 원칙   ② 단계의 원칙   ③ 연결의 원칙   ④ 활동의 원칙

003
02①, 99

횡선식 공정표의 특성을 기술하시오. (3점)

✓ 정답 및 해설 횡선식 공정표의 특성

① 장점 : 각 공정별 착수와 종료일, 전체의 공정 시기와 각 공정별 공사를 확실히 알 수 있다.

② 단점 : 각 공정별 간의 상호 관계와 순서를 알 수 없고, 진행 상황을 확실히 알 수 없다.

004

19③, 18①, 14②, 12①, 98, 93, 92

네트워크 공정표의 특징 3가지를 기술하시오. (3점)

✅ **정답 및 해설** 네트워크 공정표의 특징

① 작성자 이외의 사람도 이해하기 쉽고, 공사의 진척 상황이 누구에게나 알려지게 된다.
② 작성과 검사에 특별한 기능이 요구되고, 다른 공정표에 비해 익숙해지기까지 작성 시간이 필요하며 진척 관리에 있어서 특별한 연구가 필요하다.
③ 숫자화되어 신뢰도가 높으며, 전자계산기 이용이 가능하다.

005

03②

Net Work 공정표에서 PERT와 CPM의 특징을 쓰시오. (4점)

✅ **정답 및 해설** PERT와 CPM의 특징

구분	CPM	PERT
계획 및 사업의 종류	경험이 있는 반복 공사	경험이 없는 비반복 공사
소요 시간의 추정	시간 추정은 한 번(1점 추정)	소요 시간 3가지 방법(3점 추정)
더미의 사용	사용 안 한다.	사용한다.
MCX(최소 비용)	핵심 이론	이론이 없다.
작업 표현	원으로 표현	화살표로 표현

006

11②, 09③, 08①

다음의 (   ) 안에 알맞은 말을 쓰시오. (3점)

> 네트워크에서는 공기를 둘로 나누어 생각할 수 있는데, 그 하나는 미리 건축주로부터 결정된 공기로서 이것을 (①)이라 하고, 다른 하나는 일정을 진행 방향으로 산출하여 구한 (②)인데, 이러한 두 공기 간의 차이를 없애는 작업을 (③)라(이라) 한다.

✅ **정답 및 해설** 네트워크의 공기

① 지정 공기 ② 계산 공기 ③ 공기 조절

007

다음 ( ) 안에 합당한 용어를 써넣으시오. (3점)

> **보기**
>
> PERT Network에서 (①)는 하나의 Event에서 다음 Event로 가는데 요하는 작업을 뜻하며 (②)를 소비하는 부분으로 물자를 필요로 한다.

✔ 정답 및 해설 네트워크의 용어

① Activity   ② 시간

008

다음 보기에서 해당하는 용어를 고르시오. (3점)

> **보기**
>
> ① 가장 빠른 개시 시각   ② 가장 늦은 개시 시각
> ③ 가장 빠른 완료 시각   ④ 가장 빠른 결합점 시각
> ⑤ 가장 늦은 완료 시각   ⑥ 가장 늦은 결합점 시각

> (가) EST   (나) LFT   (다) ET

✔ 정답 및 해설 네트워크의 용어

(가)-①(가장 빠른 개시 시각) (나)-⑤(가장 늦은 완료 시각) (다)-④(가장 빠른 결합점 시각)

009

다음 network 공정관리 기법 용어와 관계있는 설명을 골라 (　　　) 안에 번호를 쓰시오. (4점)

보기

① 작업과 작업을 연결하는 점. 개시 및 종료점
② 작업을 가장 빨리 완료할 수 있는 시각
③ 작업 개시 결합점에서 종료 결합점에 이르는 가장 긴 경로
④ 공기에 영향이 없는 범위에서 작업을 가장 늦게 시작해도 되는 시각
⑤ 화살선으로 표현할 수 없는 작업의 상호 관계를 표시하는 화살표

㈎ Dummy
㈏ Event
㈐ 주공정선(CP)
㈑ LST

✔ **정답 및 해설** 네트워크의 용어

㈎-⑤(화살선으로 표현할 수 없는 작업의 상호관계를 표시하는 화살표)
㈏-①(작업과 작업을 연결하는 점. 개시 및 종료점)
㈐-③(작업 개시 결합점에서 종료 결합점에 이르는 가장 긴 경로)
㈑-④(공기에 영향이 없는 범위에서 작업을 가장 늦게 시작해도 되는 시각)

010

다음 용어를 설명하시오. (3점)

① 간공기 :
② ET :
③ LT :
④ Path :

✔ **정답 및 해설** 네트워크의 용어

① 간공기 : 어떤 결합점에서 완료 시점에 이르는 최장 패스의 소요 시간이다.
② ET(Earliest Time) : 가장 빠른 결합점 시각으로, 최초의 결합점에서 대상의 결합점에 이르는 경로 중 가장 긴 경로를 통하여 가장 빨리 도달하는 결합점 시각이다.
③ LT(Latest Time) : 가장 늦은 결합점 시각으로, 임의의 결합점에서 최종 결합점에 이르는 경로 중 시간적으로 가장 긴 경로를 통과하여 종료시각에 맞출 수 있는 개시 시각이다.
④ 경로(Path) : 네트워크 공정표 상에서 둘 이상의 작업을 연결하는 경로이다.

011

다음은 에로우형 네트워크 공정에 쓰이는 용어를 기술한 것이다. 서로 관계있는 것끼리 연결하시오. (4점)

보기

① 네트워크에서 작업과 작업 또는 더미와 더미를 결합하는 점 또는 프로젝트의 개시점과 완료점
② 네트워크에서 바로 표현할 수 없는 작업 상호 관계를 도시할 때 쓰는 점선(點線)
③ 프로젝트의 공기에 영향이 없는 범위에서 작업을 가장 늦게 완료해도 되는 시각
④ 개시 결합점에서 완료 결합점까지의 최장 path. circle형 네트워크에서의 최초 작업에서 최후 작업에 달하는 path

(가) 결합점 (나) 더미
(다) LFT (라) CP

✔정답 및 해설

(가)(결합점) - ①, (나)(더미) - ②, (다)(LFT) - ③, (라)(CP) - ④

012

다음 설명이 뜻하는 용어를 쓰시오. (4점)

(1) 가장 빠른 개시 시각에 시작하여 가장 늦은 종료시각으로 완료할 때 생기는 여유시간 (①)
(2) 네트워크 공정표에서 개시 결합점에서 종료 결합점에 이르는 가장 긴 경로 (②)
(3) 가장 빠른 개시 시각에 작업을 시작하고, 후속 작업도 가장 빠른 개시 시각에 작업을 시작해도 존재하는 여유시간 (③)
(4) 네트워크 공정표에서 작업의 상호 관계를 연결시키는데 사용되는 점선 화살표 (④)

✔정답 및 해설   네트워크의 용어

① TF(Total Float) ② CP(Critical Path) ③ FF(Free Float) ④ 더미(Dummy)

013

다음 ( ) 안에 알맞은 용어를 쓰시오. (3점)

> (1) 화살표형 Network에서 정상 표현할 수 없는 작업의 상호 관계를 표시하는, 파선으로 된 화살표 ( )
> (2) 작업을 시작하는 가장 빠른 시간 ( )
> (3) 가장 빠른 개시 시각에 시작해 가장 늦은 종료 시각에 종료할 때 생기는 여유시간 ( )

✔ **정답 및 해설** 네트워크의 용어

① 더미(Dummy) ② EST(Earliest Starting Time) ③ TF(Total Float)

014

다음은 화살형 네트워크에 관한 설명이다. 해당하는 용어를 쓰시오. (4점)

> ① 프로젝트를 구성하는 작업 단위 :
> ② 화살선으로 표현할 수 없는 작업의 상호 관계를 표시하는 화살표 :
> ③ 작업의 여유시간 :
> ④ 결합점이 가지는 여유시간 :

✔ **정답 및 해설** 네트워크의 용어

① 작업(Job, Activity) ② 더미(Dummy) ③ 플로트(Float) ④ 슬랙(Slack)

015

다음 설명이 뜻하는 용어를 쓰시오. (4점)

> ① 네트워크 공정표에서 개시 결합점에서 종료 결합점에 이르는 가장 긴 패스
> ② 네트워크 공정표에서 작업의 상호 관계를 연결시키는데 사용되는 점선 화살선
> ③ 공정에서 가장 빠른 개시 시각에 작업을 시작하여 후속작업도 가장 빠른 개시 시각에 시작해도 존재하는 여유시간
> ④ 가장 빠른 개시 시각에 시작하여 가장 늦은 종료 시각으로 완료할 때 생기는 여유시간

✔ **정답 및 해설** 네트워크의 용어

① CP(Critical Path) ② 더미(Dummy) ③ FF(Free Float) ④ TF(Total Float)

016

다음은 네트워크 공정표에 관련된 용어이다. 각 용어에 대한 정의를 설명하시오. (4점)

① EST :
② CP :

✅ **정답 및 해설** 네트워크의 용어

① EST(Earliest Starting Time) : 작업을 시작할 수 있는 가장 빠른 시간
② CP(Critical Path, 크리티컬 패스) : 개시 결합점에서 종료 결합점에 이르는 가장 긴 패스 또는 네트워크 상의 전체 공기를 규제하는 작업 과정이다.

017

네트워크 공정에 사용되는 다음 용어를 설명하시오. (4점)

① LFT :
② EST :
③ LST :
④ EFT :

✅ **정답 및 해설** 네트워크의 용어

① LFT(Latest Finishing Time) : 공기에 영향이 없는 범위에서 작업을 늦게 종료하여도 좋은 가장 늦은 종료 시각이다.
② EST(Earliest Starting Time) : 해당 작업을 시작할 수 있는 가장 빠른 시각이다.
③ LST(Latest Starting Time) : 공기에 영향이 없는 범위에서 작업을 늦게 개시하여도 좋은 가장 늦은 개시 시각이다.
④ EFT(Earliest Finishing Time) : 해당 작업을 끝낼 수 있는 가장 빠른 시각이다.

018

다음은 네트워크에 사용되는 용어이다. 간략히 설명하시오. (4점)

① EST :
② LT :
③ CP :
④ FF :

✔ 정답 및 해설 **네트워크의 용어**

① EST(Earliest Starting Time) : 작업을 시작할 수 있는 가장 빠른 시각

② LT(Latest Time) : 가장 늦은 결합점 시각으로, 임의의 결합점에서 최종 결합점에 이르는 경로 중 시간적으로 가장 긴 경로를 통과하여 종료시각에 맞출 수 있는 개시 시각이다.

③ CP(Critical Path, 크리티컬 패스) : 개시 결합점에서 종료 결합점에 이르는 가장 긴 패스 또는 네트워크 상의 전체 공기를 규제하는 작업 과정이다.

④ FF(Free Float) : 가장 빠른 개시 시각에 시작하고 후속 작업도 가장 빠른 개시 시각에 시작하여도 존재하는 여유 시간으로, '후속 작업의 EST-그 작업의 EFT'이다. 또는 각 작업의 지연 가능 일수이다.

019 08③

다음은 공정관리에 사용되는 용어이다. 간략하게 설명하시오. (4점)

① LFT :

② LT :

✔ 정답 및 해설 **네트워크의 용어**

① LFT(Latest Finishing Time) : 가장 늦은 종료시각으로, 공기에 영향이 없는 범위에서 작업을 늦게 종료하여도 좋은 시각이다.

② LT(Latest Time) : 가장 늦은 결합점 시각으로, 임의의 결합점에서 최종 결합점에 이르는 경로 중 시간적으로 가장 긴 경로를 통과하여 종료시각에 맞출 수 있는 개시 시각이다.

020 18③, 15①

네트워크에 사용되는 더미(Dummy)에 대하여 간략히 기술하시오. (2점)

✔ 정답 및 해설 **더미(Dummy)의 정의와 종류**

더미(Dummy)는 화살표형 네트워크에서 정상 표현으로 할 수 없는 작업 상호 관계를 표시하는 화살표로, 파선으로 표시한다. 또한, 명목상 더미의 종류에는 논리적(Logical)더미, 순번적(Numbering)더미 및 동시적(Relation)더미 등이 있다.

021
14③

공정표에서 작업 상호간 연관관계만 나타내는 명목상의 작업인 더미의 종류 3가지를 쓰시오.

(3점)

✔ 정답 및 해설 명목상의 작업

① 논리적(Logical)더미 ② 순번적(Numbering)더미 ③ 동시적(Relation)더미

022
12③, 07②, 05①, 02③, 96

다음 용어를 설명하시오. (2점)

C.P :

✔ 정답 및 해설 네트워크 용어

CP(Critical Path, 크리티컬 패스)는 개시 결합점에서 종료 결합점에 이르는 가장 긴 패스 또는 네트워크 상의 전체 공기를 규제하는 작업 과정이다.

023
13①, 09②, 05②, 02②, 97, 95, 94

CPM 네트워크 공정표의 소유할 수 있는 여유 4가지를 기술하시오. (4점)

✔ 정답 및 해설 CPM 네트워크 공정표의 여유

① FF(Free Float, 자유 여유) ② TF(Total Float, 총여유) ③ DF(Dependent Float, 간섭 여유)
④ IF(Independent Float, 독립 여유)

024
07③

다음 용어를 설명하시오. (4점)

① 직접 노무비 :
② 간접 노무비 :

✔ 정답 및 해설 용어 해설

① 직접 노무비 : 공사 현장에서 계약 목적물을 완성하기 위하여 작업에 종사하는 종업원, 노무자의 노동력의 대가로 지불한 것으로 기본금, 제수당, 상여금 및 퇴직급여 충당금 등이 있다.
② 간접 노무비 : 직접 공사 작업에 종사하지는 않으나, 공사 현장에서 보조 작업에 종사하는 종업원, 노무자 및 현장 감독자 등의 기본급, 제수당, 상여금 및 퇴직급여 충당금 등이 있다.

001

다음 공정표를 보고 주공정선(CP)를 찾으시오. (5점)

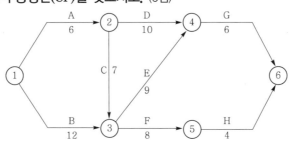

✓ 정답 및 해설 **공정표의 주공정선**

C.P(Critical Path)는 네트워크 상의 전체 공기를 규제하는 작업 과정으로, 시작에서 종료 결합점까지의 가장 긴 소요일수의 경로이다.

㉮ ① → ② → ④ → ⑥ : 6+10+6=22일

㉯ ① → ② → ③ → ④ → ⑥ : 6+7+9+6=28일

㉰ ① → ③ → ④ → ⑥ : 12+9+6=27일

㉱ ① → ③ → ⑤ → ⑥ : 12+8+4=24일

그러므로, 가장 긴 소요일수는 28일인 ① → ② → ③ → ④ → ⑥ 이 크리티컬 패스이다.

002

다음 공정표의 주공정선을 구하시오. (4점)

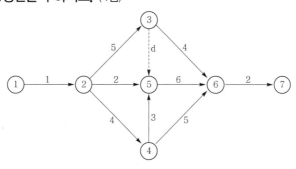

✔ 정답 및 해설 **공정표의 주공정선**

㉮ ① → ② → ③ → ⑥ → ⑦ : 1+5+4+2=12일

㉯ ① → ② → ③ → ⑤ → ⑥ → ⑦ : 1+5+6+2=14일

㉰ ① → ② → ⑤ → ⑥ → ⑦ : 1+2+6+2=11일

㉱ ① → ② → ④ → ⑤ → ⑥ → ⑦ : 1+4+3+6+2=16일

㉲ ① → ② → ④ → ⑥ → ⑦ : 1+4+5+2=12일

그러므로, 가장 긴 소요일수는 28일인 ① → ② → ④ → ⑤ → ⑥ → ⑦ 이 크리티컬 패스이다.

003

〈보기〉에 주어진 내용으로 네트워크 공정표를 작성하시오. (5점)

보기

㉮ A, B, C는 동시에 시작

㉯ A가 끝나면 D, E, H 시작 C가 끝나면 G, F 시작

㉰ B, F가 끝나면 H 시작

㉱ E, G가 끝나면 I, J 시작

㉲ K의 선행 작업은 I, J, H

㉳ 최종 완료 작업은 D, K로 끝난다.

✔ 정답 및 해설 **공정표 작성**

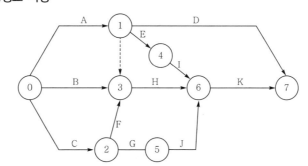

004

다음 네트워크 공정표 EST, EFT, LST, LFT를 구하시오. (5점)

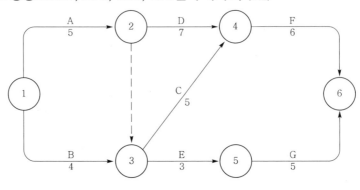

✔ **정답 및 해설** EST, EFT, LST, LFT의 산정

① EST, EFT, LST, LFT의 산정 방법

㉮ EST: 각 작업 앞의 이벤트의 □

㉯ LFT: 각 작업 뒤의 이벤트의 △

㉰ EFT: EST+소요일수

㉱ LST: LFT−소요일수

그러므로, 공정표의 일정을 산정하면, 다음 그림과 같다.

② EST, EFT, LST, LFT의 산정

㉮ EST: 각 작업 앞의 이벤트의 □

㉯ LFT: 각 작업 뒤의 이벤트의 △

㉰ EFT: EST+소요일수

㉱ LST: LFT−소요일수

작업	EST(□일수)	EFT(□+소요일수)	LST(△−소요일수)	LFT(△일수)
A(5)	0	5	0	5
B(4)	0	4	3	7
C(5)	5	10	7	12
D(7)	5	12	5	12
E(3)	5	8	10	13
F(6)	12	18	12	18
G(5)	8	13	13	18

EST, EFT, LST, LFT의 산정의 결과는 오른쪽 표와 같다. (( )안의 숫자는 소요일수임)

005

다음 데이터를 이용하여 네트워크 공정표를 작성하고, 총 공사일수를 산출하시오. (단, 주공정선은 굵은 선으로 표시할 것) (6점)

작업명	선행 작업	기간	비 고
A	없음	3	단, 각 작업은 다음과 같이 표기한다.
B	없음	5	
C	없음	2	
D	A	4	
E	A, B	3	
F	A, B, C	5	

✓ 정답 및 해설 **공정표 작성**

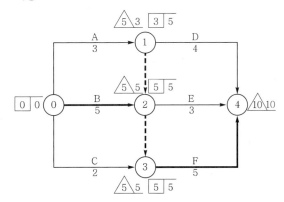

006

다음 자료를 이용하여 네트워크 공정표를 작성하시오. (단, 주공정선은 굵은 선으로 표시한다.) (6점)

작업명	작업 일수	선행 작업	비 고
A	1	없음	
B	2	없음	단, 각 작업은 다음과 같이 표기한다.
C	3	없음	
D	6	A, B, C	
E	5	B, C	
F	4	C	

단, 각 작업은 다음과 같이 표기한다.

EST LST / LFT EFT

```
 i  ─────작업명─────▶  j
        공사일수
```

• C.P :

✓ 정답 및 해설 **공정표 작성**

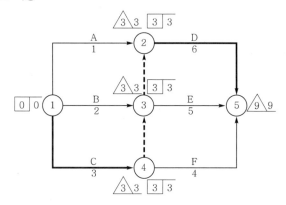

192 • PART 03 공정 및 품질 관리

007

다음 공정표를 작성하시오. (5점)

작업명	선행 작업	기간	비 고
A	없음	5	주공정선은 굵은 선으로 표시한다. 각 결합점 일정 계산은 PERT 기법에 의거 다음과 같이 계산한다.
B	없음	4	
C	없음	3	
D	없음	4	
E	A, B	2	
F	B	1	

ET   LT

작업명 ────→ (i) ────→ 작업명
공사일수   공사일수

✔ **정답 및 해설** **공정표 작성**

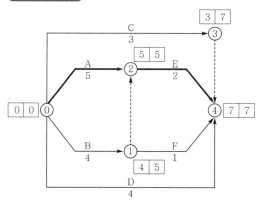

008

다음과 같은 공정계획이 세워졌을 때 Network 공정표를 작성하시오. (5점)

작업명	A	B	C	D	E	F
선행 작업	None	None	None	A, B, C	A, B, C	A, B, C
작업일수	5	2	4	4	3	2

• C.P :

✓ 정답 및 해설 공정표 작성

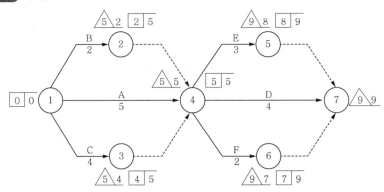

009

다음 조건을 보고 공정표를 작성하시오. (4점)

작업명	A	B	C	D	E	F	G
선행 작업	–	–	A, B	A, B	B	C, D	E

✓ 정답 및 해설 공정표 작성

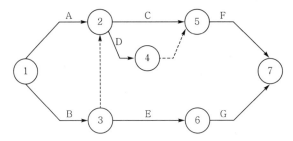

010

12②

다음 조건을 보고 네트워크 공정표를 작성하시오. (4점)

작업명	작업일수	선행 작업	비 고
A	5	—	각 작업의 일정 계산 표시 방법은 아래 방법으로 한다.
B	4	—	
C	5	A, B	
D	7	A	
E	3	A, B	
F	6	C, D	
G	5	E	

각 작업의 일정 계산 표시 방법은 아래 방법으로 한다.

EST LST   LFT EFT

i —— 작업명 / 작업일수 —→ j

✔ **정답 및 해설** 공정표 작성

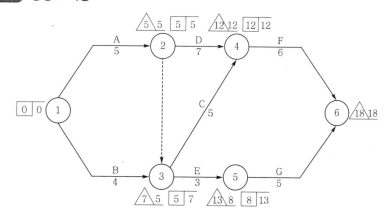

011

다음 데이터로 네트워크 공정표를 작성하고 주공정선은 굵은 선으로 표시하시오. (5점)

순 위	작업명	선행작업	작업일수	비 고
1	A	없음	5	
2	B	없음	8	결합점 일정 계산은 PERT 기법에
3	C	A	7	의거 다음과 같이 계산한다.
4	D	A	8	
5	E	B, C	5	
6	F	B, C	4	
7	G	D, E	11	
8	H	F	5	

✔ **정답 및 해설** 공정표 작성

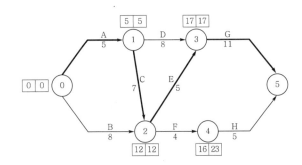

CP : ⑩ → ① → ② → ③ → ⑤

A → C → E → G

다음의 조건을 사용하여 공정표를 완성하고 C.P를 굵은 선으로 표시하시오. (4점)

작업명	A	B	C	D	E	F	G	H
선행 작업	None	None	A	B, C	A	D	D	B, C, E, F
작업일수	4	3	2	4	5	3	5	7

✔ **정답 및 해설** 공정표 작성

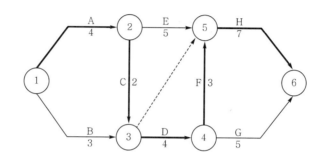

CP : ① → ② → ③ → ④ → ⑤ → ⑥

A → C → D → F → H

다음은 네트워크 공정표의 일부분이다. 'D'의 선행 Activity(작업)을 모두 고르시오. (3점)

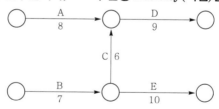

✔ **정답 및 해설** 선행 작업

후속 작업은 무조건 선행 작업이 완료된 후에 진행이 가능하며, 선행 작업은 B, C, D이다.

공기 단축

001
어느 건설공사의 한 작업을 정상적으로 시공할 때 공사 기일은 10일, 공사비용은 800,000원이고, 특급으로 시공할 때 공사 기일은 6일, 공사비는 1,000,000원이라 할 때 이 공사의 공기 단축 시 필요한 비용 구배(cost sloop)를 구하시오. (4점)

✔ **정답 및 해설** **비용 구배의 산정**

$$비용\ 구배 = \frac{특급\ 공사비 - 표준공사비}{표준\ 공기 - 특급\ 공기} = \frac{1,000,000 - 800,000}{10 - 6} = 50,000\ 원/일$$

002
정상 공기가 13일일 때 공사비는 170,000원이고, 특급 공사 시 공사기일은 10일, 공사비는 320,000원이다. 이 공사의 공기 단축 시 필요한 비용 구배를 구하시오. (4점)

✔ **정답 및 해설** **비용 구배의 산정**

$$비용\ 구배 = \frac{특급\ 공사비 - 표준공사비}{표준\ 공기 - 특급\ 공기} = \frac{320,000 - 170,000}{13 - 10} = 50,000\ 원/일$$

003

15①, 07①

공사의 기간을 5일 단축하려 한다. 최적 후 총 추가 비용(Extra Cost)을 구하시오. (5점)

구 분	표준공기	표준비용	급속공기	급속비용
A	3	60,000	2	90,000
B	2	30,000	1	50,000
C	4	70,000	2	100,000
D	3	50,000	1	90,000

최적 총 추가 비용(Extra Cost) :

✔ **정답 및 해설** **최적 총 추가 비용 산정**

① 비용 구배의 산정

㉮ A의 비용 구배 $= \dfrac{90,000-60,000}{3-2} = 30,000$ 원/일

㉯ B의 비용 구배 $= \dfrac{50,000-30,000}{2-1} = 20,000$ 원/일

㉰ C의 비용 구배 $= \dfrac{100,000-70,000}{4-2} = 15,000$ 원/일

㉱ D의 비용 구배 $= \dfrac{90,000-50,000}{3-1} = 20,000$ 원/일

② 공정을 5일 단축하기 위해 비용 구배가 작은 것부터 공사 일수를 줄여 나가면 C, B 또는 D, A의 순으로 단축하므로 C를 2일, D를 2일, B를 1일 단축하면 5일 단축이 가능하다.

그러므로, 추가 비용은 C, 2일(15,000×2=30,000원), D, 2일(20,000×2=40,000원), B, 1일 (20,000×1=20,000원)이므로 총 추가 비용은 30,000+40,000+20,000=90,000원이다.

CHAPTER 04

품질 관리

06③, 02②, 98, 96, 94

001

다음 보기에서 품질관리(Q.C)에 의한 검사 순서를 나열하시오. (3점)

보기

① 검토(Check)　　② 실시(Do)　　③ 조치(Action)　　④ 계획(Plan)

✔ **정답 및 해설** 품질관리(Q.C)에 의한 검사 순서

계획(Plan) → 실시(Do) → 검토(Check) → 조치(Action)의 순이다. 즉, ④ → ② → ① → ③이다.

99, 96

002

관리의 목표인 품질, 공정, 원가관리를 성취하기 위하여 사용되는 수단 관리 4가지를 쓰시오.

(4점)

✔ **정답 및 해설** 수단 관리

① 인력(노무, Man)　② 장비(기계, Machine)　③ 자원(재료, Material)　④ 자금(경비, Money)
⑤ 관리, 시공법 등이다.

건축을 생각이 있는 것으로서 생각하지 않으면 안 된다.
또한 생명이 있는 것으로서 복잡성과 유기성을 갖추어야
한다.

- Victor Horta -

001

다음은 목 공사의 단면치수 표기법에 대한 설명이다. ( )안에 알맞은 용어를 쓰시오. (3점)

> 목재의 단면을 표시하는 치수는 특별한 지침이 없는 경우 구조재, 수장재는 모두
> (①)치수로 하고, 창호재, 가구재의 치수는 (②)로 한다. 또한, 제재목을 지
> 정치수대로 한 것을 (③)치수라 한다.

①   ②   ③

✓ 정답 및 해설

① 제재, ② 마무리, ③ 정

002

집성목재의 장점 3가지를 쓰시오. (3점)

①   ②   ③

✓ 정답 및 해설 집성 목재의 장점

① 목재의 강도를 인공적으로 자유롭게 조절할 수 있다.
② 응력에 따라 필요한 단면을 만들 수 있으며, 필요에 따라서 아치와 같은 굽은 용재를 사용할 수 있다.
③ 길고 단면이 큰 부재를 간단히 만들 수 있다.

003

목재의 방부처리법 3가지를 쓰시오. (3점)

①   ②   ③

✓ 정답 및 해설 방부제 처리법

① 도포법, ② 침지법, ③ 상압주입법, ④ 가압주입법

004

조적공사 시 세로규준틀에 기입해야 할 사항 4가지를 쓰시오. (4점)

① ② ③ ④

✔ 정답 및 해설 세로규준틀에 기입사항

① 조적재의 줄눈 표시와 켜의 수, ② 창문 및 문틀의 위치와 크기, ③ 앵커 볼트 및 나무 벽돌의 위치,
④ 벽체의 중심간의 치수와 콘크리트의 사춤 개소

005

네트워크 공정표의 특징을 3가지 설명하시오. (3점)

① ② ③

✔ 정답 및 해설 네트워크 공정표의 특징

① 작성자 이외의 사람도 이해하기 쉽고, 공사의 진척상황이 누구에게나 알려지게 된다.
② 작성과 검사에 특별한 기능이 요구되고, 다른 공정표에 비해 익숙해지기 까지 작성 시간이 필요하
고, 진척 관리에 있어서 특별한 연구가 필요하다.
③ 숫자화되고 신뢰도가 높으며, 전자계산기 이용이 가능하다.

006

아래와 같은 목재창호의 목재량을 산출하시오. (소수 3째 자리에서 반올림하여 소수 2째 자리까지 구하시오.) (2점)

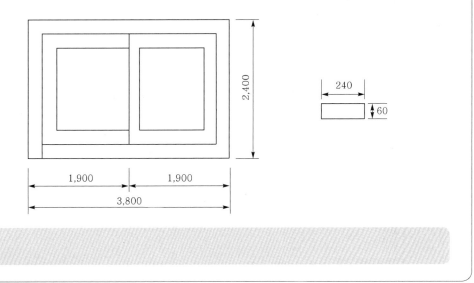

✔ 정답 및 해설 **목재량의 산출**

목재의 양 = 수평재의 양 + 수직재의 양

= 수평재의 체적 × 개수 + 수직재의 체적 × 개수

= 수평재의 단면적 × 길이 × 개수 + 수직재의 단면적 × 길이 × 개수

$= (0.24 \times 0.06) \times 3.8 \times 2 + (0.24 \times 0.06) \times 2.4 \times 3 = 0.21312 ≒ 0.21 \text{m}^3$이다.

007

다음에서 설명하는 내용의 명칭을 쓰시오. (2점)

> 널 한 쪽에 홈을 파고, 딴 쪽에 혀를 내어 물리며, 혀 위에서 빗못질을 하므로 진동이 있는 마루널에도 못이 빠져나올 우려가 없다.

✔ 정답 및 해설

제혀 쪽매

008

도배 시공 방법 중 밀착초배와 공간초배에 대해서 설명하시오. (4점)

✔ 정답 및 해설 **도배 시공 방법**

① 밀착초배 : 초배지 또는 운용지에 전면 풀칠을 하여 바탕면에 바르는 초배로서, 도배지가 잘 붙지 않는 콘크리트면, 합판 및 보드면에 사용하는 방식이다.

② 공간초배 : 공기의 소통 원활, 불량면의 숨김 및 시공 후 면이 깨끗하게 마무리 될 수 있도록 공간을 띄워서 초배하는 방식으로 초배지의 주변에만 풀칠을 하고, 중앙부에는 풀칠을 하지 않는 방식이다.

009

접합유리의 특징 2가지를 쓰시오. (4점)

①	②

✔ 정답 및 해설 **접합유리의 특징**

① 깨어지더라도 파편으로 인한 위험을 방지(방탄의 효과)하도록 한 것이다.

② 보통 판유리에 비해 투광성은 약간 떨어지나 차음성, 보온성이 좋은 편이다.

010

조적공사에서 사용되는 치장줄눈의 종류를 5가지 쓰시오. (5점)

①	②	③
④	⑤	

✔ 정답 및 해설 **치장줄눈의 종류**

① 평줄눈, ② 민줄눈, ③ 볼록줄눈, ④ 오목줄눈, ⑤ 빗줄눈, ⑥ 엇빗줄눈, ⑦ 내민줄눈 등

011

다음은 타일 붙이기의 시공 순서이다. (   )안을 채우시오. (3점)

(①)→(②)→타일 붙이기→(③)→보양

①   ②   ③

✔ **정답 및 해설** 타일 붙이기의 시공 순서

① 바탕 처리, ② 타일 나누기, ③ 치장줄눈

012

다음 합성수지 재료를 열경화성 수지와 열가소성 수지로 구분하시오. (4점)

① 아크릴 수지   ② 에폭시 수지   ③ 멜라민 수지   ④ 페놀 수지
⑤ 폴리에틸렌 수지 ⑥ 염화비닐 수지 ⑦ 폴리우레탄 수지

(가) 열경화성 수지 :
(나) 열가소성 수지 :

✔ **정답 및 해설** 합성수지의 분류

(가) 열경화성수지 : ② 에폭시 수지, ③ 멜라민 수지, ④ 페놀 수지, ⑦ 폴리우레탄 수지
(나) 열가소성수지 : ① 아크릴 수지, ⑤ 폴리에틸렌 수지, ⑥ 염화비닐 수지

001

다음 재료의 할증률을 써 넣으시오. (4점)

> ① 붉은 벽돌 :
> ② 시멘트 벽돌 :

✔ **정답 및 해설** 재료의 할증률

① 붉은 벽돌 : 3%
② 시멘트 벽돌 : 5%

002

다음 용어를 설명하시오. (4점)

> ① 층단 떼어쌓기 :
> ② 켜걸름 들여쌓기 :

✔ **정답 및 해설** 용어 설명

① 층단 떼어쌓기 : 서로 맞닿게 되는 벽을 다같이 쌓지 못하거나 또는 공사관계로 그 일부를 쌓지 못하게 될 때에는 나중에 쌓을 벽의 벽돌을 먼저 쌓은 벽돌벽에 물려 통줄눈이 생기지 아니하도록 하기 위하여 먼저 쌓은 벽돌벽의 일부를 들여놓는 쌓기법으로 층단으로 떼어 놓는 법이다.
② 켜걸름 들여쌓기 : 직교하거나 교차되는 벽돌 벽면을 다같이 쌓을 수 없을 때에 먼저 쌓은 벽면의 벽돌을 한 켜 또는 두 켜 걸름으로 들여놓아 쌓아 나중에 쌓는 벽의 벽돌이 물려지도록 쌓는 법으로 떼어 쌓기법의 하나이다.

003

다음 용어를 설명하시오. (4점)

① 논슬립 :
② 코너비드 :

✓ **정답 및 해설** 용어 설명

① 논슬립(미끄럼막이) : 계단의 미끄럼 방지를 위해 설치하는 철물이다.
② 코너비드 : 벽이나 기둥의 모서리를 보호하기 위하여 미장바름 할 때 붙이는 철물이다.

004

다음은 수성페인트 바르는 순서이다. ( )안에 알맞은 용어를 쓰시오. (4점)

(①)→(②)→초벌→(③)→(④)

①   ②   ③   ④

✓ **정답 및 해설** 수성페인트 바르는 순서

① 바탕 만들기, ② 바탕 누름, ③ 페이퍼 문지름(연마지 닦기), ④ 정벌

005

다음은 목조 2층 마루 중 짠 마루의 시공순서로 바르게 나열하시오. (3점)

| 보기 |
| 작은보   장선   큰보   마루널 |

✓ **정답 및 해설** 짠 마루의 시공순서

짠 마루는 큰 보 위에 작은 보를 걸고, 그 위에 장선을 대고 마루널을 깐 마루로서, 간사이 6.4m 이상인 경우에 사용되는 마루이다.

그러므로 큰 보 → 작은 보 → 장선 → 마루널의 순이다.

006 타일의 종류 중 표면을 특수 처리한 타일의 종류를 3가지 쓰시오. (3점)

①   ②   ③

✔ **정답 및 해설** 특수 처리한 타일

① 스크래치 타일, ② 태피스트리 타일, ③ 천무늬 타일, ④ 클링커 타일

---

007 다음 ( )안에 알맞은 용어를 써 넣으시오. (3점)

① (   ) : 방음, 방습, 단열의 목적으로 벽체의 공간을 띄어 쌓는 쌓기방법이다.
② (   ) : 상부에서 오는 수직압력이 아치의 축선을 따라 좌우로 나뉘어져 밑으로 인장력이 생기지 않고 압축력만이 전달되게 하는 쌓기방법이다.

✔ **정답 및 해설** 용어

① 공간쌓기, ② 아치쌓기

---

008 철재 녹막이 도료의 종류를 3가지 쓰시오. (3점)

①   ②   ③

✔ **정답 및 해설** 철재 녹막이 도료

① 연단 도료, ② 함연 방청 도료, ③ 방청 산화철 도료, ④ 규산염 도료, ⑤ 크롬산아연 도료(징크로메이트 도료, 알루미늄 초벌용 녹막이 도료)

---

009 다음 ( )안에 알맞은 용어를 써 넣으시오. (3점)

① (   ) : 압축공기를 이용하여 망치 대신 사용하는 공구이다.
② (   ) : 목재의 몰딩이나 홈을 팔 때 사용하는 연장이다.

용어

① 에어 타카, ② 루터

010

다음 〈보기〉의 타일을 흡수성이 큰 순서대로 배열하시오. (3점)

보기

① 자기질   ② 토기질   ③ 도기질   ④ 석기질

타일의 흡수성

토기(20% 이상) → 도기(10% 이상) → 석기(3~10%) → 자기(0~1%)의 순이다. 즉, ② → ③ → ④ → ①
이다.

011

두께 25mm, 너비 3cm, 길이 9m의 목재 200개에 소요되는 목재량(m^3)를 구하시오. (3점)

목재량의 산정

목재의 재적 $= 0.025 \times 0.03 \times 9 \times 200 = 1.35m^3$

012

대리석의 갈기 공정에 대한 마무리 종류를 (   )안에 쓰시오. (3점)

① (   ) : #180 카버런덤 숫돌로 간다.
② (   ) : #220 카버런덤 숫돌로 간다.
③ (   ) : 고운 숫돌, 숫가루를 사용하여 원반에 걸어 마무리한다.

대리석의 갈기 공정

① 거친 갈기, ② 물갈기, ③ 본갈기

001

취성(Brittleness)을 보강할 목적으로 사용되는 유리 중 안전유리로 분류할 수 있는 유리의 명칭을 3가지 쓰시오. (3점)

①   ②   ③

✔ 정답 및 해설   안전유리의 종류

① 접합(합판)유리, ② 강화 유리, ③ 배강도 유리

002

다음 그림과 같은 쪽매의 명칭을 써 넣으시오. (5점)

①   ②   ③

④   ⑤

①   ②   ③
④   ⑤

✔ 정답 및 해설

① 반턱 쪽매, ② 틈막이대 쪽매, ③ 딴혀 쪽매, ④ 제혀 쪽매, ⑤ 오니 쪽매

003

천연 아스팔트의 종류를 3가지 쓰시오. (3점)

① ② ③

✔ 정답 및 해설 | 천연아스팔트의 종류

① 레이크 아스팔트, ② 로크 아스팔트, ③ 아스팔트 타이트

004

다음은 미장공사 중 석고플라스터의 마감 시공순서이다. ( )안을 채우시오. (3점)

보기

바탕정리 →(①)→(②)→ 고름질 및 재벌바름 →(③)

① ② ③

✔ 정답 및 해설 | 석고플라스터의 마감 시공

① 재료 반죽, ② 초벌 바름, ③ 정벌 바름

005

다음 그림과 같은 목재 창문틀에 소요되는 목재량(㎥)을 구하시오. (단, 목재의 단면치수는 90mm×90mm이다.) (4점)

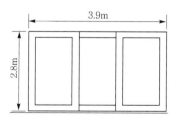

3.9m

2.8m

✔ 정답 및 해설 | 목재량의 산출

목재의 양 = 수평재의 양 + 수직재의 양

= 수평재의 체적×개수 + 수직재의 체적×개수

= 수평재의 단면적×길이×개수 + 수직재의 단면적×길이×개수

$= (0.09 \times 0.09) \times 3.9 \times 2 + (0.09 \times 0.09) \times 2.8 \times 4 = 0.1539 ≒ 0.15 \text{m}^3$ 이다.

006

다음 목재의 접합에 대한 설명 중 ( )안에 알맞은 용어를 써 넣으시오. (3점)

재의 길이방향으로 두 재를 길게 접합하는 것 또는 그 자리를 (①)(이)라 하고, 서로 직각으로 접합하는 것 또는 그 자리를 (②)(이)라 한다. 또, 재를 섬유방향과 평행으로 옆대어 넓게 붙이는 것을 (③)(이)라 한다.

①   ②   ③

✔ 정답 및 해설 목재의 접합

① 이음, ② 맞춤, ③ 쪽매

007

방수공사에서 사용되는 방근재에 대해서 설명하시오. (3점)

✔ 정답 및 해설 방근재

방근재는 수목이나 식물의 뿌리가 방수층을 파괴시켜 방수 성능을 저하시키는 것을 방지하기 위해 설치하는 재료로서 도막이나 시트의 형태를 갖춘 재료이다.

008

바닥에 설치하는 줄눈대의 설치 목적을 3가지 쓰시오. (3점)

①   ②   ③

✔ 정답 및 해설 줄눈대 설치 목적

① 신축 균열의 방지, ② 의장(치장)의 효과, ③ 바름면의 구획과 하자보수의 용이

009

다음에서 설명하는 것이 의미하는 것을 쓰시오. (3점)

자토와 도토를 혼합소성한 것으로 가압성형 · 압출성형 · 석고형으로 주조되고, 대표적인 분류로는 장식용과 구조용이 있으며, 장식용은 평판물과 조형물로 나뉜다.

✔ 정답 및 해설

테라코타

010

목재의 방부처리법 3가지를 쓰시오. (3점)

①   ②   ③

✓ 정답 및 해설   방부제 처리법

① 도포법, ② 침지법, ③ 상압주입법, ④ 가압주입법

011

타일의 박리와 박락의 원인에 대해서 4가지를 쓰시오. (4점)

①   ②   ③   ④

✓ 정답 및 해설   타일의 박리와 박락의 원인

① 타일의 시공상 문제점 : 압착공법에서 오픈타임의 문제, 붙임모르타르의 두께 부족, 타일의 압착부족, 기타(신축줄눈을 잘못 만든 경우, 쌓아 올릴 때 시멘트 가루를 뿌리는 것, 두드림의 부족 등)등
② 타일의 성상 문제점 : 타일의 뒷발 접착 부족, 타일의 흡수율, 팽창성 등
③ 기타의 원인 : 건물의 변형, 온도의 변화 등

012

네트워크에 사용되는 더미(Dummy)에 대해서 간략히 서술하시오. (2점)

✓ 정답 및 해설   더미의 정의

더미는 네트워크 공정표에서 작업의 상호관계를 연결시키는데 사용되는 점선 화살표로서 정상 표현할 수 없는 작업의 상호관계를 나타낸다.

001

다음은 네트워크 공정표에 관련된 용어이다. 각 용어에 대한 정의를 설명하시오. (3점)

① E.S.T :
② C.P :
③ F.F :

> **✔ 정답 및 해설 네트워크 용어**
>
> ① EST(Earliest Starting Time) : 작업을 시작할 수 있는 가장 빠른 시간
> ② CP(Critical Path, 크리티컬 패스) : 개시 결합점에서 종료 결합점에 이르는 가장 긴 패스 또는 네트워크 상에 전체 공기를 규제하는 작업 과정이다.
> ③ FF(Free Float) : 가장 빠른 개시 시각에 시작하여 후속하는 작업도 가장 빠른 개시 시각에 시작하여도 존재하는 여유 시간으로 후속 작업의 EST-그 작업의 EFT이다. 또는 각 작업의 지연 가능 일수이다.

002

석 공사의 외벽 건식공법의 2가지를 쓰시오. (4점)

①   ②

> **✔ 정답 및 해설 석 공사의 외벽 건식공법**
>
> ① 앵커 긴결공법 : 구조체와 석재 사이에 공간을 두고, 각종 앵커를 사용하여 단위 석재를 벽체에 부착하는 공법이다.
> ② 강재 트러스 지지공법 : 미리 조립된 강재 트러스에 석판재를 지상에서 짜 맞춘후 이를 조립식으로 설치해 나가는 공법이다.
> ③ G.P.C 공법 : 화강석을 외장재로 사용하는 공법으로 거푸집에 화강석 판재를 배열한 후 석재 뒷면에 철근 조립 후 콘크리트를 타설하는 공법이다.

003

다음은 마루널 이중깔기의 순서이다. ( )안에 알맞은 용어를 쓰시오. (4점)

보기

동바리 → (①) → (②) → (③) → (④) → 마루널 깔기

| ① | ② | ③ | ④ |

✓ 정답 및 해설 마루널 이중 깔기 순서

마루널 이중깔기의 순서는 동바리 → 멍에 → 장선 → 밑창널 깔기 → 방습지 또는 방수지 깔기 → 마루널 깔기의 순이다.
① 멍에, ② 장선, ③ 밑창널 깔기, ④ 방습지 또는 방수지 깔기

004

다음 합성수지 중에서 열가소성 수지를 고르시오. (4점)

보기

① 아크릴 수지 ② 염화비닐 수지 ③ 폴리에틸렌 수지 ④ 멜라민 수지
⑤ 페놀 수지 ⑥ 에폭시 수지 ⑦ 스티롤 수지

✓ 정답 및 해설 열가소성수지의 종류

① 아크릴수지, ② 염화비닐수지, ③ 폴리에틸렌수지, ⑦ 스티롤수지

005

건축공사의 공사원가를 구성하는 요소 3가지를 쓰시오. (3점)

| ① | ② | ③ |

✓ 정답 및 해설 공사원가 3요소

① 재료비, ② 노무비, ③ 외주비

006

다음은 수성페인트 공정이다. 순서를 올바르게 나열하시오. (3점)

> **보기**
>
> ① 페이퍼 문지름(연마지 닦기)　　　② 초벌
> ③ 정벌　　　④ 바탕누름　　　⑤ 바탕만들기

✔ **정답 및 해설**　수성페인트 바르는 순서

바탕 만들기 → 바탕 누름 → 초벌 → 페이퍼 문지름(연마지 닦기) → 정벌의 순이다. 즉, ⑤ → ④ → ②
→ ① → ③ 이다.

007

다음 재료의 할증률이 큰 것부터 작은 것 순으로 나열하시오. (3점)

> **보기**
>
> ① 테라코타　　　② 시멘트 벽돌　　　③ 유리　　　④ 도료

✔ **정답 및 해설**　재료의 할증률

① 테라코타 : 3%, ② 시멘트 벽돌 : 5%, ③ 유리 : 1%, ④ 도료 : 2%
그러므로, 할증률이 큰 것부터 작은 것의 순으로 나열하면, ② → ① → ④ → ③의 순이다.

008

타일 붙이기 공법 중 개량압착붙임 공법에 대해서 설명하시오. (2점)

✔ **정답 및 해설**　개량압착붙임 공법의 정의

매끈하게 마무리된 모르타르 면에 바름 모르타르를 바르고, 타일의 이면에는 모르타르를 얇게 발라 붙
이는 공법이다.

009

길이 15m, 높이 2.5m의 벽에 표준형 벽돌 1.5B 쌓기시 벽돌 정미량과 모르타르량을 산출하시오. (6점)

✔ 정답 및 해설 **벽돌량과 모르타르량의 산출**

① 벽돌의 정미량 산출

　　㉮ 벽면적의 산정 : $15 \times 2.5 = 37.5m^2$

　　㉯ 표준형이고, 벽두께가 1.5B이므로 224매/m²이고, 할증률은 3%이다.

　　㉮, ㉯에 의해서 벽돌의 정미량 $= 224$매$/m^2 \times 37.5m^2 = 8,400$매 이다.

② 모르타르의 소요량은 벽돌 1,000매당 0.35m³이므로 $0.35 \times \dfrac{8,400}{1,000} = 2.94m^3$

그러므로, 벽돌의 소요(정미)량은 8,400매이고, 모르타르의 양은 2.94m³이다.

010

다음 용어를 설명하시오. (2점)

　① 논슬립　　:
　② 코너비드 :

✔ 정답 및 해설 **용어 설명**

① 논슬립(미끄럼막이) : 계단의 미끄럼 방지를 위해 설치하는 철물이다.
② 코너비드 : 벽이나 기둥의 모서리를 보호하기 위하여 미장바름 할 때 붙이는 철물이다.

011

다음은 아치 쌓기의 종류이다. (   )안에 알맞은 용어를 채우시오. (3점)

벽돌을 주문하여 제작한 것을 사용해서 쌓은 아치를 (①), 보통 벽돌을 쐐기 모양으로 다듬어 쓴 것을 (②), 아치 너비가 넓을 때에는 반장별로 층을 지어 겹쳐 쌓는 (③)이 있다.

①　　　　　　　　　　②　　　　　　　　　　③

✔ 정답 및 해설 **아치 쌓기**

① 본아치, ② 막만든아치, ③ 층두리아치

012

내화벽돌에서 S.K의 의미를 쓰시오. (3점)

✓ 정답 및 해설 S.K의 의미

S.K는 그 제품의 소성온도를 의미하고, 소성로 내에 제품과 함께 삼각추를 3개씩 넣고, 가열 소성한 후 추 중에서 끝이 완전히 녹아 구부러져 밑판에 닿은 것을 S.K번호로 한다.

2019년 2회

2019년 6월 29일 시행

001

다음 네트워크의 C.P를 구하시오. (4점)

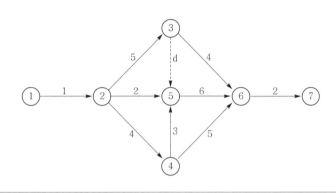

✔ 정답 및 해설   주공정선(C.P)의 산정

㉮ ① → ② → ③ → ⑥ → ⑦ : 1 + 5 + 4 + 2 = 12일

㉯ ① → ② → ⑤ → ⑥ → ⑦ : 1 + 2 + 6 + 2 = 11일

㉰ ① → ② → ③ → ⑤ → ⑥ → ⑦ : 1 + 5 + 6 + 2 = 14일

㉱ ① → ② → ④ → ⑤ → ⑥ → ⑦ : 1 + 4 + 3 + 6 + 2 = 16일

㉲ ① → ② → ④ → ⑥ → ⑦ : 1 + 4 + 5 + 2 = 12일

㉮, ㉯, ㉰, ㉱, ㉲에 의해서 주공정선은 ① → ② → ④ → ⑤ → ⑥ → ⑦이다.

002

길이 120m, 높이 2.8m, 블록 벽체 시공 시 블록 장수를 계산하시오. (단, 블록은 기본형 390×190×150mm, 할증률 4%를 포함) (3점)

① 벽면적 :

② 정미량 :

③ 소요량 :

✔ **정답 및 해설** 블록 매수의 산정

① 벽면적의 산정 : 벽의 길이×벽의 높이 = $(120 \times 2.8) = 336\text{m}^2$

② 기본형 블록이고, 할증률은 4%이므로, 소요량은 13매/㎡(할증률 포함)이고, 정미량은 12.5매/㎡이다. 그러므로,

㉮ 정미량 : $12.5\text{매}/\text{m}^2 \times 336\text{m}^2 = 4{,}200\text{매}$

㉯ 소요량 : $13\text{매}/\text{m}^2 \times 336\text{m}^2 = 4{,}368\text{매}$

003

다음 장부의 명칭을 쓰시오. (3점)

✔ **정답 및 해설**

ㄱ자 장부

004

에멀션 페인트의 시공순서를 바르게 나열하시오. (2점)

보기

① 페이퍼 문지름(연마지 닦기)   ② 초벌

③ 정벌   ④ 바탕 누름   ⑤ 바탕 만들기

✔ **정답 및 해설** 에멀션 페인트 바르는 순서

바탕 만들기 → 바탕 누름 → 초벌 → 페이퍼 문지름(연마지 닦기) → 정벌의 순이다. 즉, ⑤ → ④ → ② → ① → ③ 이다.

005

다음 용어에 대해서 설명하시오. (4점)

① 내력벽 :
② 중공벽 :

✔ 정답 및 해설 　**용어 설명**

① 내력벽 : 수직 하중(위 층의 벽, 지붕, 바닥 등)과 수평 하중(풍압력, 지진 하중 등) 및 적재 하중(건축물에 존재하는 물건 등)을 받는 중요한 벽체이다.
② 중공벽 : 공간 쌓기와 같은 벽체로서 단열, 방음, 방습 등의 목적으로 효과가 우수하도록 벽체의 중간에 공간을 두어 이중벽으로 쌓은 벽체이다.

006

다음 용어에 대해서 간략히 설명하시오. (4점)

① 화강암 :
② 점판암 :

✔ 정답 및 해설 　**용어 설명**

① 화강암 : 대표적인 화성암의 심성암으로 그 성분은 석영, 장석, 운모, 휘석, 각섬석 등이고, 석질이 견고(압축 강도 1,500 kg/cm2 정도)하며 풍화 작용이나 마멸에 강하다. 바탕색과 반점이 아름다울 뿐만 아니라 석재의 자원도 풍부하므로 건축 토목의 구조재, 내·외장재로 많이 사용된다. 내화도가 낮아서 고열을 받는 곳에는 적당하지 않으며, 세밀한 조각이 필요한 곳에는 가공이 불편하여 적당하지 않다. 또한, 그 질이 단단하고 내구성 및 강도가 크고 외관이 수려하며 절리가 비교적 커서 큰 판재를 얻을 수 있으나, 너무 단단하여 조각 등에 부적당하다.
② 점판암 : 이판암(점토가 바다 밑에 침전, 응결된 것)이 오랜 세월 동안 지열, 지압에 의해서 변질되어 층상으로 응고된 석재로서 회청색의 치밀한 판석이고, 방수성이 있어 기와 대신의 지붕재로 사용된다.

007

합성수지 창호공사 시 시공상세도에 기입할 항목을 3가지 쓰시오. (3점)

①　　　　　　　　　②　　　　　　　　　③

✔ 정답 및 해설
① 창호배치도, ② 창호일람표, ③ 창호상세도

008

목재의 방부처리방법을 3가지 쓰시오. (3점)

①   ②   ③

✔ 정답 및 해설   목재의 방부처리방법

① 도포법, ② 침지법, ③ 상압주입법, ④ 가압주입법

009

다음 〈보기〉에서 수경성 미장 재료를 고르시오. (2점)

보기

① 돌로마이트 플라스터   ② 인조석 바름
③ 시멘트 모르타르   ④ 회반죽

✔ 정답 및 해설   수경성 미장 재료

수경성(수화 작용에 충분한 물만 있으면 공기중에서나 수중에서 굳어지는 성질의 재료로 시멘트계와 석고계 플라스터 등)미장재료에는 ② 인조석바름, ③ 시멘트 모르타르가 있다.

010

알루미늄 창호 시공 시 유의사항을 2가지 쓰시오. (2점)

①   ②

✔ 정답 및 해설   알루미늄 창호 시공 시 유의사항

① 강제 창호에 비해 강도가 약하므로 취급시 주의하여야 한다.
② 알루미늄은 알칼리성에 약하므로 모르타르, 콘크리트 및 회반죽과의 접촉을 피해야 한다.
③ 이질 금속과 접촉하면 부식이 발생하므로 사용하는 철물을 동질의 재료를 사용하여야 한다.

011

외벽을 1.5B, 내벽을 0.5B, 단열재가 70mm일 때, 벽체의 총 두께는 얼마인가? (3점)

① 계산 :
② 답 :

✔ 정답 및 해설 벽체의 총두께 산정

벽체의 총두께 = 1.5B(1.0B + 10mm + 0.5B = 190mm + 10mm + 90mm = 290mm) + 70mm
+ (0.5B = 90mm) = 450mm이다.

012

다음 〈보기〉에서 열가소성 수지를 고르시오. (3점)

보기

① 실리콘 수지　　② 아크릴 수지　　③ 폴리에틸렌 수지
④ 염화비닐 수지　　⑤ 페놀 수지　　⑥ 에폭시 수지

✔ 정답 및 해설 열가소성 수지

② 아크릴 수지, ③ 폴리에틸렌 수지, ④ 염화비닐 수지

013

다음은 아치 쌓기의 종류이다. ( )안을 채우시오. (4점)

벽돌을 주문하여 제작한 것을 사용해서 쌓은 아치를 (①), 보통 벽돌을 쐐기 모양으로 다듬어 사용한 것을 (②), 현장에서 보통 벽돌을 사용해서 줄눈을 쐐기 모양으로 한 (③), 아치의 너비가 넓을 때에는 반장별로 층을 지어 겹쳐 쌓는 (④)가 있다.

①　　　　　②　　　　　③　　　　　④

✔ 정답 및 해설 아치 쌓기

① 본아치, ② 막만든아치, ③ 거친아치, ④ 층두리아치

001

네트워크 공정표의 특징을 3가지 쓰시오. (3점)

①   ②   ③

✔ 정답 및 해설   **네트워크 공정표의 특징**

① 작성자 이외의 사람도 이해하기 쉽고, 공사의 진척 상황이 누구에게나 알려지게 된다.

② 작성과 검사에 특별한 기능이 요구되고, 다른 공정표에 비해 익숙해지기까지 작성 시간이 필요하며 진척 관리에 있어서 특별한 연구가 필요하다.

③ 숫자화되어 신뢰도가 높으며, 전자계산기 이용이 가능하다.

002

표준형 벽돌 1,000장을 사용하여 1.5B 두께로 쌓을 수 있는 벽체의 면적을 구하시오. (4점)

✔ 정답 및 해설   **벽돌 벽면적의 산출**

표준형이고 벽 두께가 1.5B이므로 224매/m²이다. 그런데, 벽돌의 매수가 1,000매이다.

그러므로, 벽면적 $= \dfrac{\text{벽돌의 매수}}{\text{1.5B 벽체의 정미량}} = \dfrac{1,000}{224} = 4.464\text{m}^2 ≒ 4.46\text{m}^2$이다.

003

도장 공사 시 철재 녹막이 도료의 종류를 4가지 쓰시오. (4점)

①   ②   ③   ④

✔ 정답 및 해설   **철재 녹막이 도료**

① 연단 도료   ② 함연 방청 도료   ③ 방청 산화철 도료   ④ 규산염 도료   ⑤ 크롬산아연 도료(징크로메이트 도료, 알루미늄 초벌용 녹막이 도료)

004 목재의 방부처리법을 3가지 쓰시오. (3점)

①   ②   ③

✔ **정답 및 해설**   목재의 방부처리법

① 도포법 ② 침지법 ③ 상압 주입법 ④ 가압 주입법 ⑤ 생리적 주입법

---

005 다음은 경량철골 천장틀의 설치 순서를 보기에서 골라 시공 순서에 맞게 나열하시오. (3점)

보기

① 달대 설치   ② 앵커 설치   ③ 텍스 붙이기   ④ 천장틀 설치

✔ **정답 및 해설**   경량 철골 천장틀의 설치 순서

②(앵커 설치, 인서트 설치) → ①(달대 설치) → ④(천장틀 설치) → ③(텍스 붙이기, 천정판 붙이기)

---

006 벽돌 쌓기의 명칭을 쓰시오. (단, 쌓기 방향은 높이×밑변으로 하고, 단위는 mm임) (4점)

① 57×190 ② 57×90 ③ 190×57 ④ 90×57

①   ②   ③   ④

✔ **정답 및 해설**   벽돌 쌓기의 명칭

① 길이 쌓기, ② 마구리 쌓기, ③ 길이 세워쌓기, ④ 옆 세워쌓기

---

007 목재의 건조 목적 중 장점을 3가지 쓰시오. (3점)

①   ②   ③

✔ 정답 및 해설 목재의 건조 목적

① 무게를 줄일 수 있고, 강도가 증대된다.
② 사용 후 수축균열, 비틀림 등의 변형을 방지할 수 있다.
③ 균의 발생이 방지되어 부식을 방지할 수 있다.
④ 도장 재료, 방부 재료 및 접착제 등의 침투 효과가 증대된다.

008

도배지 바름의 일반적인 순서이다. ( )안에 알맞은 용어를 쓰시오. (3점)

보기

바탕 처리→(①)→(②)→(③)→굽도리

①   ②   ③

✔ 정답 및 해설 도배지 바름 순서

① 초배지 바름→② 재배지 바름→③ 정배지 바름

009

다음은 유리에 대한 설명이다. 해당되는 유리의 명칭을 쓰시오. (4점)

① 복사열을 흡수하여 냉방효과를 증대시킨 유리이다.
② 건축물 외부 유리와 내·외부 장식용으로 많이 사용되고, 한 면에 세라믹도료를 바르고 고온에서 융착시킨 유리로서 휨강도가 보통 유리에 비해 3~5배 정도 강한 유리이다.

①   ②

✔ 정답 및 해설 유리의 명칭

① 열선차단(흡수)유리, ② 스팬드럴 유리

010

ALC(Autoclaved Lightweight Concrete, 경량기포 콘크리트)블록의 장점을 3가지 쓰시오. (3점)

① ② ③

✔ 정답 및 해설   ALC(Autoclaved Lightweight Concrete, 경량기포 콘크리트)블록

원료(생석회, 시멘트, 규사, 규석, 플라이애시, 알루미늄 분말 등)를 오토클레이브에 고압, 고온 증기 양생한 기포 콘크리트로서 장점은 다음과 같다.

① 경량(0.5~0.6), 단열성(열전도율이 콘크리트의 1/10 정도), 불연 · 내화성이 우수하다.
② 흡음 · 차음성, 내구성 및 시공성이 우수
③ 건조 수축 및 균열은 작다.

011

다음은 치장 줄눈의 마무리 공사에 관한 내용이다. (   )안을 채우시오. (4점)

치장 줄눈은 타일을 붙인 후 (①)시간 이상 지난 후 줄눈을 파고 (②)시간이 경과한 후 물축임을 하고 치장줄눈을 바른다.

① ②

✔ 정답 및 해설   치장 줄눈의 시공

① 3, ② 24

012

방수 공사에서 시트 방수를 설치할 때, 보호 완충재의 역할을 쓰시오.(2점)

✔ 정답 및 해설   보호 완충재의 역할

방수층 표면에 설치하여 후속 작업의 충격(되메우기 또는 침하) 등으로부터 방수층을 보호하기 위한 재료로서 스티로폼이나 두꺼운 섬유 등을 사용한다.

001

〈보기〉에서 열경화성, 열가소성 수지를 구분해서 쓰시오. (4점)

보기

① 염화비닐수지   ② 멜라민수지   ③ 스티롤수지

④ 아크릴수지   ⑤ 석탄산수지

(개) 열경화성 수지

(내) 열가소성 수지

> **✔ 정답 및 해설** **열가소성 및 열경화성 수지**

(개) 열가소성 수지 : ①(염화비닐수지), ③(스티롤수지), ④(아크릴수지)

(내) 열경화성 수지 : ②(멜라민수지), ⑤(석탄산수지)

002

목재 유리문에 사용되는 퍼티의 종류 3가지를 쓰시오. (3점)

> **✔ 정답 및 해설** **퍼티의 종류**

① 반죽 퍼티, ② 나무 퍼티, ③ 고무 퍼티(가스켓)

003

조적조에서 테두리보를 설치하는 목적 3가지만 쓰시오. (3점)

> **✔ 정답 및 해설** **테두리보를 설치 목적**

① 수직 균열의 방지와 수직 철근의 정착

② 하중을 균등히 분포

③ 집중하중을 받는 조적재의 보강

004

적산 시 할증률을 ( ) 안에 써 넣으시오. (4점)

㈎ 붉은 벽돌 : (   )%   ㈏ 시멘트 벽돌 : (   )%
㈐ 블록 : (   )%   ㈑ 타일 : (   )%

✔ 정답 및 해설 **재료의 할증률**

① 붉은 벽돌 : 3%, ② 시멘트 벽돌 : 5%, ③ 블록 : 4%, ④ 타일 : 3%

005

아래 창호의 목재량(m^3)을 구하시오. (3점)

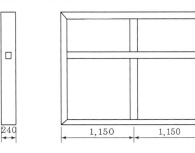

✔ 정답 및 해설 **목재의 소요량 산출**

목재의 량=수평재의 량+수직재의 량

　　　　=수평재의 체적×갯수+수직재의 체적×갯수

　　　　=수평재의 단면적×길이×갯수+수직재의 단면적×길이×갯수

　　　　=｛(0.24×0.06)×2.3×3｝+｛(0.24×0.06)×1.5×3｝

　　　　=0.164m^3

006

다음 ( ) 안에 알맞은 용어를 기입하시오. (3점)

바니시는 천연수지와 (①)을 섞어 투명 담백한 막으로 되고 기름이 산화되어 (②)바니시, (③), (④)바니시로 나뉜다.

✔ 정답 및 해설 **바니시**

① 휘발성 용제, ② 래커, ③ 휘발성, ④ 기름

007

다음 설명이 의미하는 철물명을 쓰시오. (4점)

> ① 철선을 꼬아 만든 철망 : (　　　)
> ② 얇은 철판에 각종 모양을 도려낸 것 : (　　　)
> ③ 얇은 철판에 자른 금을 내어 당겨 늘린 것 : (　　　)
> ④ 연강선을 직교시켜 전기용접한 철선망 : (　　　)

✔ **정답 및 해설** 금속 제품

① 와이어 라스, ② 펀칭 메탈, ③ 메탈 라스, ④ 와이어 메시

008

목재의 부패(腐敗)를 방지하기 위해 사용하는 유성(油性) 방부제의 종류를 4가지 쓰시오. (3점)

✔ **정답 및 해설** 유성 방부제의 종류

① 크레오소트, ② 콜타르, ③ 아스팔트, ④ 펜타클로로 페놀

009

다음 설명에 알맞은 용어를 〈보기〉에서 골라 쓰시오. (4점)

> **보기**
>
> ① 합판　　　　　　　② 화이버 보드
> ③ 코르크판　　　　　④ 목모시멘트판

> (가) 3매 이상의 단판을 1매마다 섬유 방향에 직교하도록 겹쳐 붙인 것
> (나) 식물 섬유질을 주원료로 하여 펄프로 만든 다음 접착제, 방부제 등을 첨가하여 제판한 것
> (다) 표면은 편평하고 약간 굳어지나, 유공질의 판이므로 탄성, 단열성, 흡음성 등이 있다.
> (라) 나무 섬유와 시멘트를 주원료로 혼합하여 압축하고 성형한 판으로 흡음, 단열 효과가
>   있어 내벽 및 천정의 마감재, 지붕의 단열재로 사용된다.

✔ **정답 및 해설** 목재 제품

(가) : ①(합판), (나) : ②(화이버 보드, 섬유판), (다) : ③(코르크판), (라) : ④(목모시멘트판)

010

바닥에 주로 사용되는 줄눈대의 목적을 2가지만 쓰시오. (2점)

✔ **정답 및 해설** 줄눈의 사용 및 설치 목적

① 균열의 분산 및 방지, ② 치장적인(외부의 미려함) 효과

011

벽의 길이 100m, 벽의 높이 2.5m, 벽 두께 1.5B의 벽돌담을 쌓기 위해서 구입해야 할 매수(표준형, 정미량)와 쌓기 모르타르량을 산출하시오. (단, 개구부의 크기는 1.8m × 1.2m 10개, 줄눈 너비 10mm이다.) (4점)

✔ **정답 및 해설** 벽돌의 매수와 모르타르 량

① 벽돌의 정미량 : 벽면적 × 224매/m² = (전체 벽면적 − 개구부 면적) × 224매/m²

$$= 100 \times 2.5 - (1.8 \times 1.2 \times 10) \times 224$$
$$= 51,161.6 \fallingdotseq 51,162매$$

② 모르타르량 : 1.5B 벽 두께의 모르타르량은 1,000매당 0.35m³이므로

$$모르타르량 = \frac{0.35}{1,000} \times 51,162 = 17.9067 \fallingdotseq 17.91m^3$$

012

다음에서 설명하는 용어를 쓰시오. (3점)

(1) 가장 빠른 개시시각에 시작하여 가장 늦은 종료시각으로 완료할 때 생기는 여유시간 (①)
(2) 네트워크 공정표에서 개시 결합점에서 종료 결합점에 이르는 가장 긴 경로 (②)
(3) 가장 빠른 개시시각에 작업을 시작하고, 후속 작업도 가장 빠른 개시시각에 작업을 시작해도 존재하는 여유시간 (③)
(4) 네트워크 공정표에서 작업의 상호 관계를 연결시키는데 사용되는 점선 화살표 (④)

✔ **정답 및 해설** 네트워크 공정표의 용어

① TF(Total Float), ② CP(Critical Path), ③ FF(Free Float), ④ 더미(Dummy)

001

미장공사의 치장마무리 방법을 5가지만 쓰시오. (4점)

✅ **정답 및 해설** 미장공사의 치장마무리 방법

① 시멘트 모르타르, ② 석고 플라스터, ③ 인조석 바름, ④ 회반죽, ⑤ 돌로마이트 플라스터

002

어느 건설공사의 한 작업을 정상적으로 시공할 때 공사 기일은 10일, 공사비용은 800,000원이고, 특급으로 시공할 때 공사 기일은 6일, 공사비는 1,000,000원이라 할 때 이 공사의 공기단축 시 필요한 비용 구배(cost sloop)를 구하시오. (3점)

✅ **정답 및 해설** 비용 구배의 산정

$$\text{비용 구배} = \frac{\text{특급 공사비} - \text{표준 공사비}}{\text{표준 공기} - \text{특급 공기}} = \frac{1,000,000 - 800,000}{10 - 6} = 50,000\,\text{원/일}$$

003

다음 그림은 평면도이다. 이 건물이 지상 5층일 때 내부 수평비계 면적을 산출하시오. (3점)

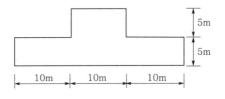

✅ **정답 및 해설** 내부 비계 면적의 산출

내부 비계의 비계 면적은 연면적의 90%로 한다. 즉, 연면적×0.9이다.

∴ 내부 비계의 면적 = 연면적×0.9
= 각 층의 바닥면적×0.9
= {(30×5)+(10×5)} ×5×0.9
= 900m²

004

다음은 아치틀기의 종류이다. 다음 빈칸에 적당한 용어를 골라 (   ) 안에 번호로 쓰시오. (4점)

보기

① 거친아치   ② 막만든아치   ③ 본아치   ④ 층두리아치

아치 벽돌을 특별히 주문 제작하여 쓴 것을 (㉮)라 하고, 보통 벽돌을 쐐기 모양으로 다듬어 쓴 것을 (㉯)라 하며, 보통 벽돌을 쓰고 줄눈을 쐐기 모양으로 한 (㉰)와 아치 너비가 클 때 반장별로 층을 지어 겹쳐 쌓은 (㉱)가 있다.

✔ 정답 및 해설 아치의 종류

① 층두리아치 : 아치가 넓을 때에는 반장별로 층을 지어 겹쳐 쌓은 아치이다.
② 거친아치 : 아치틀기에 있어 보통 벽돌을 사용하여 줄눈을 쐐기 모양으로 한 아치이다.
③ 막만든아치 : 보통 벽돌을 쐐기 모양으로 다듬어 쓰는 아치이다.
④ 본아치 : 아치 벽돌을 주문 제작하여 만든 아치이다.
∴ ㉮ : ③(본아치), ㉯ : ②(막만든아치), ㉰ : ①(거친아치), ㉱ : ④(층두리아치)

005

사용 용도에 따른 분류에 의한 석고보드의 종류 3가지를 쓰시오. (3점)

✔ 정답 및 해설 용도에 따른 석고보드의 종류

① 일반석고보드 : 벽체, 천정 및 간막이 등의 모든 경량건식공법에 적합한 석고보드로서 불연, 단열, 차음성능을 갖는 고강도, 경량 석고보드이다.
② 방수석고보드 : 습기가 있는 부위에서 높은 강도와 방수성능을 유지하는 내수 석고보드로서 완벽한 방수처리가 어려운 건축물의 각 부위에 적용된다.
③ 방화석고보드 : 일반석고보다 방화성능을 갖는 고강도 석고보드로 내화성능이 요구되는 각종 건축물의 내화구조에 적용된다.
④ 기타 : 방화방수석고보드, 차음석고보드, 방균석고보드, 황토석고보드 등이 있다.

006

접착제 중 동물성 단백질계 접착제 종류 3가지를 쓰시오. (3점)

✔ 정답 및 해설 동물성 단백질계 접착제

① 카세인, ② 아교, ③ 알부민

007

다음 ( ) 안에 알맞은 용어를 쓰시오. (3점)

> ① 화살표형 Network에서 정상 표현할 수 없는 작업의 상호관계를 표시하는 파선으로 된 화살표 ( )
> ② 작업을 시작하는 가장 빠른 시간 ( )
> ③ 가장 빠른 개시시간에 시작해 가장 늦은 종료시간으로 종료할 때 생기는 여유시간 ( )

✔ **정답 및 해설** 네트워크 공정표의 용어

① 더미(Dummy), ② EST(Earliest Starting Time), ③ TF(Total Float)

008

다음 그림은 나무 모접기이다. 〈보기〉에서 알맞은 것을 골라 연결하시오. (3점)

(가) (나)

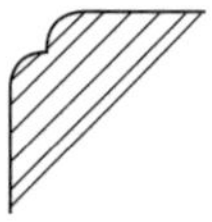

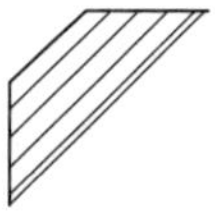

(다) 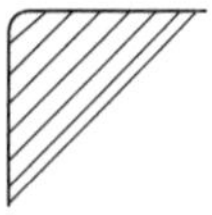 (라)

보기

① 큰모접기   ② 실모접기   ③ 쌍사모접기   ④ 뺨모접기

✔ **정답 및 해설** 나무의 모접기

(가) : ③(쌍사모접기), (나) : ①(큰모접기), (다) : ②(실모접기), (라) : ④(뺨모접기)

009

도료가 바탕에 부착을 저해하거나 부풀음, 터짐, 벗겨지는 원인이 될 수 있는 요소 4가지를 쓰시오. (3점)

✔ **정답 및 해설** 도료가 바탕에 부착을 저해하거나 부품의 터짐, 벗겨지는 원인

① 부착 저해 원인 : 유지분, 수분, 녹, 진 등
② 박리 원인
　　㉮ 바탕 처리의 불량, ㉯ 초벌과 재벌의 화학적 차이, ㉰ 바탕 건조의 불량,
　　㉱ 기존 도장위의 재도장, ㉲ 철재면 위의 비닐수지 도료 도포, ㉳ 부적당한 작업 등

010

다음 재료에 대한 적산 시 할증률을 ( ) 안에 써 넣으시오. (4점)

(1) 비닐타일 : (①)%
(2) 리놀륨 : (②)%
(3) 합판(수장용) : (③)%
(4) 석고판(본드접착용) : (④)%
(5) 발포폴리스틸렌 : (⑤)%
(6) 단열시공 부위의 방습지 : (⑥)%

✔ 정답 및 해설

① 5, ② 5, ③ 5, ④ 8, ⑤ 10, ⑥ 15

011

일반적으로 넓은 의미의 안전유리로 분류할 수 있는 성질을 가진 유리 3가지를 쓰시오. (3점)

✔ 정답 및 해설 안전유리의 종류

① 접합유리, ② 강화판유리, ③ 배강도유리

012

길이 10m, 높이 2m, 1.0B 벽돌벽의 벽돌 매수와 쌓기 모르타르의 정미량을 구하시오. (단, 표준형 벽돌 사용, 할증률 포함 안함) (4점)

① 벽돌 매수 :
② 모르타르량 :

✔ 정답 및 해설 벽돌의 정미량과 모르타르량 산출

① 벽돌의 정미량 산출

㉮ 벽면적의 산정 : 벽의 길이×벽의 높이＝10×2＝20m²
㉯ 표준형이고 벽 두께가 1.0B이므로 149매/m²이고, 할증률은 3%이다.
㉮, ㉯에 의해서 벽돌의 정미량＝149매/m²×20m²＝2,980매이다.

② 모르타르의 소요량은 벽돌 1,000매당 0.33m³이므로 $0.33 \times \dfrac{2,980}{1,000} = 0.983 \text{m}^3$

그러므로, 벽돌의 소요(정미)량은 2,980매이고, 모르타르의 양은 0.983m³이다.

001

다음과 같은 건물을 대상으로 실내장식을 하려고 한다. 내부 비계 면적을 산출하시오. (5점)

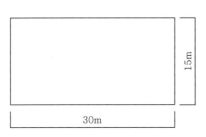

6층
5층
4층
3층
2층
1층

[평면도] [단면도]

✓ 정답 및 해설 **내부 비계 면적의 산출**

내부 비계의 비계 면적은 연면적의 90%로 한다. 즉, 연면적×0.9이다.

그러므로, 내부 비계의 면적 = 연면적×0.9

= 각 층의 바닥면적×0.9

= (30×15)×6×0.9 = 2,430m^2

002

안전유리 중 강화유리의 특성을 4가지 기술하시오. (4점)

✓ 정답 및 해설 **강화유리의 특성**

① 강도는 보통 판유리보다 3~5배에 이르고, 충격강도는 7~8배나 된다.

② 열처리에 의한 내응력 때문에 유리가 모래처럼 잘게 부서(파손 시 모가 작아)지므로 유리 파편에 의한 부상이 적다.

③ 열처리한 다음에는 가공(절단)이 불가능하다.

④ 200℃ 이상의 온도에서 견디므로 내열성이 우수하다.

003

다음 (   ) 안에 알맞은 용어를 쓰시오. (3점)

> 유성 페인트는 (①), 건성유 및 (②), (③)를 조합해서 만들어진 페인트이다.

✔ 정답 및 해설 유성 페인트의 구성 요소

① 안료, ② 건조제, ③ 희석제

004

정상적으로 시공할 때 공사기일은 13일, 공사비는 170,000원이고, 특급으로 공사할 때 공사기일은 10일, 공사비는 320,000원이라면 공기단축 시 필요한 비용구배를 구하시오. (4점)

✔ 정답 및 해설 비용구배의 산정

$$비용구배 = \frac{특급\ 공사비 - 표준\ 공사비}{표준\ 공기 - 특급\ 공기} = \frac{320,000 - 170,000}{13 - 10} = 50,000\ 원/일$$

005

다음 그림을 보고 조적줄눈의 명칭을 쓰시오. (3점)

① 　② 　③

✔ 정답 및 해설 조적줄눈의 명칭

① 민줄눈, ② 엇빗줄눈, ③ 내민줄눈

006

합성수지계 접착제 종류를 4가지만 쓰시오. (4점)

✔ 정답 및 해설 합성수지계 접착제 종류

① 요소수지 접착제
② 페놀수지 접착제
③ 에폭시수지 접착제
④ 멜라민수지 접착제

007

도배 공사 시공순서를 〈보기〉에서 찾아 번호로 나열하시오. (3점)

보기

① 정배지 바름　　② 초배지 바름　　③ 재배지 바름
④ 바탕처리　　　 ⑤ 굽도리

✔정답 및 해설　도배 공사 시공순서

바탕처리 → 초배지 바름 → 재배지 바름 → 정배지 바름 → 굽도리의 순이다.

즉, ④ → ② → ③ → ① → ⑤

008

내부 바닥 타일이 가져야 할 성질 4가지를 쓰시오. (4점)

✔정답 및 해설　내부 바닥 타일의 성질

① 동해를 방지하기 위하여 흡수율이 작아야 한다.
② 자기질, 석기질의 타일이어야 한다.
③ 바닥 타일은 마멸, 미끄럼 등이 없어야 한다.
④ 외관이 좋아야 하고, 청소가 용이하여야 한다.

009

다음 용어를 설명하시오. (3점)

① EST　　② LT　　③ CP　　④ FF

✔정답 및 해설　네트워크 공정표의 용어

① EST(Earliest Starting Time) : 작업을 시작할 수 있는 가장 빠른 시간
② LT(Latest Time) : 임의의 결합점에서 최종 결합점에 이르는 경로 중 시간적으로 가장 긴 경로를 통과하여 종료시각에 도달할 수 있는 개시시간
③ CP(Critical Path) : 개시 결합점에서 종료 결합점에 이르는 가장 긴 패스 또는 네트워크 상에 전체 공기를 규제하는 작업과정이다.
④ FF(Free Float) : 가장 빠른 개시시각에 시작하고 후속하는 작업이 가장 빠른 개시시각에 시작하여도 존재하는 여유시간으로 후속작업의 EST-그 작업의 EFT이다.

010

다음 목재의 먹매김 표시기호와 일치하는 것을 아래 〈보기〉에서 골라 번호를 쓰시오. (3점)

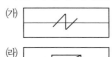

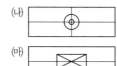

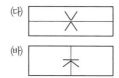

보기

① 중심먹   ② 먹 지우기

③ 볼트 구멍   ④ 내다지 장부 구멍

⑤ 반 내다지 장부 구멍   ⑥ 절단

⑦ 북방향으로 위치   ⑧ 잘못된 먹매김 위치 표시

✔ 정답 및 해설   목재의 먹매김 표시기호

(가) : ①(중심먹), (나) : ③(볼트 구멍), (다) : ⑧(잘못된 먹매김 위치 표시)

(라) : ⑤(반 내다지 장부 구멍), (마) : ④(내다지 장부 구멍), (바) : ⑥(절단)

011

표준형 벽돌 1.0B 벽돌쌓기 시 벽돌량과 모르타르량을 산출하시오. (단, 벽길이 100m, 벽높이 3m, 개구부 1.8m×1.2m 10개, 줄눈 두께 10mm, 정미량으로 산출한다.) (4점)

✔ 정답 및 해설   벽돌의 정미량과 모르타르량의 산출

① 벽돌의 정미량 산출

    ㉮ 벽면적의 산정 : 벽의 길이×벽의 높이 $= 100 \times 3 - (1.8 \times 1.2 \times 10) = 278.4 \text{m}^2$

    ㉯ 표준형이고, 벽 두께가 1.0B이므로 149매/m^2이고, 할증률은 3%이다.

    ㉮, ㉯에 의해서 벽돌의 소요량 $= 149$매/$\text{m}^2 \times 278.4 \text{m}^2 = 41,482$매이다.

② 모르타르의 소요량은 벽돌 1,000매당 0.33m^3이므로 $0.33 \times \dfrac{41,482}{1,000} = 13.69 \text{m}^3$

그러므로, 벽돌의 소요(정미)량은 41,482매이고, 모르타르의 양은 13.69m^3이다.

012

다음 조건을 보고 네트워크 공정표를 작성하시오. (4점)

작업명	작업일수	선행 작업	비고
A	5	−	
B	4	−	각 작업의 일정 계산 표시 방법은 아래 방법으로 한다.
C	5	A, B	
D	7	A	
E	3	A, B	
F	6	C, D	
G	5	E	

✔ **정답 및 해설** 공정표 작성

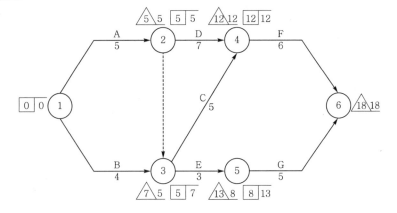

001

다음에 설명된 벽타일 붙임공법의 명칭을 쓰시오. (3점)

거푸집에 타일을 우선 배치하고 콘크리트를 타설하여 구조체와 타일을 일체화시키는 공법으로 타일과 구조체가 일체화되어 박리, 공극이 적으나 결함이 발생하면 보수가 어려운 단점이 있다.

✓ 정답 및 해설

먼저 붙임공법 중 거푸집 먼저 붙임공법

002

다음의 내용은 단가에 대한 설명이다. 해당하는 명칭을 써 넣으시오. (2점)

단가란 보통 한 개의 단위가격을 말하지만 재료는 다시 이를 가공 처리한 것, 즉 재료비에 가공 및 설치비 등을 가산하여 단위단가로 한 것을 (①)(이)라 하고, 단위 수량 또는 단위 공사량에 대한 품의 수효를 헤아리는 것을 (②)이라 한다.

✓ 정답 및 해설

① 일위대가, ② 품셈

003

다음 용어 설명에 맞는 재료를 기입하시오. (2점)

목재의 소편(chip)에 합성수지 접착제를 섞어 가열, 압축한 성형 판상재료로 변형이 적고, 음과 열의 차단성이 좋아 선반, 바닥판 가구 등에 널리 이용된다.

✓ 정답 및 해설

파티클 보드

004

다음 용어에 대하여 설명하시오. (4점)

> ① 제재치수 :
> ② 마무리 치수 :

✔ **정답 및 해설** 용어 설명

① 제재치수 : 소요 치수로 제재한 상태의 치수로서 구조재, 치장재에 사용되는 치수이다.
② 마무리 치수 : 대패로 깎아낸 후 마감치수로서 창호재, 가구재에 사용되는 치수이다.

005

다음 목재의 쪽매를 그림으로 그리시오. (단, 도구를 사용하지 않고 도시한다.) (2점)

> ① 제혀쪽매
> ② 오늬쪽매

✔ **정답 및 해설**

① 제혀쪽매　　　　　　　　　　② 오늬쪽매

006

안전유리 중 강화유리의 특성 3가지를 쓰시오. (4점)

> ①　　　　　　　　②　　　　　　　　③

✔ **정답 및 해설** 강화유리의 특성

① 강도는 보통 판유리보다 3~5배에 이르고, 충격강도는 7~8배나 된다.
② 열처리에 의한 내응력 때문에 유리가 모래처럼 잘게 부서(파손 시 모가 작아)지므로 유리 파편에 의한 부상이 적다.
③ 열처리한 다음에는 가공(절단)이 불가능하다.
④ 200℃ 이상의 온도에서 견디므로 내열성이 우수하다.

007

다음 재료는 합성수지 재료이다. 열가소성 수지와 열경화성 수지로 구분하시오. (3점)

보기

① 아크릴수지   ② 염화비닐수지   ③ 폴리에틸렌수지

④ 멜라민수지   ⑤ 페놀수지   ⑥ 요소수지

(가) 열가소성 수지 :

(나) 열경화성 수지 :

✔ **정답 및 해설** **열경화성 및 열경화성 수지의 분류**

합성수지를 분류하면, 열경화성 수지(고형체로 된 후에 열을 가해도 연화되지 않는 수지)와 열가소성 수지(고형체에 열을 가하면, 연화 또는 용융되어 가소성과 점성이 생기고 이를 냉각하면 다시 고형체가 되는 수지)로 구분할 수 있다. 합성수지를 분류하면 다음 표와 같다.

열경화성 수지	페놀(베이클라이트, 석탄산)수지, 요소수지, 멜라민수지, 폴리에스테르수지(알키드수지, 불포화 폴리에스테르수지), 실리콘수지, 에폭시수지, 프란수지, 폴리우레탄수지 등
열가소성 수지	염화비닐수지, 폴리에틸렌수지, 폴리프로필렌수지, 폴리스티렌수지, ABS수지, 아크릴산수지, 메타아크릴산수지, 불소수지, 스티롤수지, 초산비닐수지 등
섬유소계 수지	셀룰로이드, 아세트산 섬유소수지

(가) 열가소성 수지 : ① 아크릴수지, ② 염화비닐수지, ③ 폴리에틸렌수지
(나) 열경화성 수지 : ④ 멜라민수지, ⑤ 페놀수지, ⑥ 요소수지

008

다음은 경량철골 천정틀 설치순서이다. 시공순서를 맞게 나열하시오. (3점)

보기

① 행거볼트   ② 캐링채널   ③ M-Bar

④ 석고보드 2P   ⑤ 인서트

✔ **정답 및 해설** **경량철골 천장틀 설치순서**

인서트 → 행거볼트 → 캐링채널(반자틀받이) → M-BAR(반자틀) → 석고보드 2P

⑤ → ① → ② → ③ → ④

009

아치의 형태와 의장효과가 서로 관계 깊은 것을 고르시오. (4점)

① 결원아치(Segmental Arch) ② 평아치(Jack Arch)
③ 반원아치(Roman Arch) ④ 첨두아치(Gothic Arch)

㉮ 자연스러우며 우아한 느낌 ㉯ 변화감 조성
㉰ 이질적인 분위기 연출 ㉱ 경쾌한 반면 엄숙한 분위기 연출

✔ 정답 및 해설 **아치의 형태와 의장효과**

① 결원(세그멘탈)아치 : 변화감 조성
② 평아치 : 이질적인 분위기 연출
③ 반원아치 : 자연스러우며 우아한 느낌
④ 첨두(고딕)아치 : 경쾌한 반면 엄숙한 분위기 연출
① : ㉯, ② : ㉰, ③ : ㉮, ④ : ㉱

010

다음 도면과 같은 철근콘크리트조 건축물에서 벽체와 기둥의 콘크리트량을 산출하시오.
(5점)

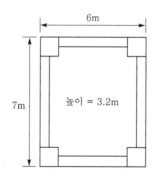
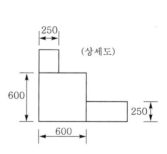

✔ 정답 및 해설 **콘크리트량의 산정**

콘크리트량=기둥의 콘크리트량+벽체의 콘크리트량
　　　　　=(기둥의 단면적×기둥의 높이×기둥의 개수)
　　　　　　+(벽체의 단면적×벽체의 높이×벽체의 개수)
　　　　　=(기둥의 가로 길이×기둥의 세로 길이×기둥의 높이×기둥의 개수)
　　　　　　+(벽체의 가로 길이×벽체의 세로 길이×벽체의 높이×벽체의 개수)이므로
콘크리트량=$(0.6 \times 0.6 \times 3.2 \times 4) + \{0.25 \times (6-0.6 \times 2) \times 3.2 \times 2\} + \{0.25 \times (7-0.6 \times 2) \times 3.2 \times 2\}$
　　　　　=$4.608 + 7.68 + 9.28 = 21.568 ≒ 21.6m^3$

011

길이 12.8m, 높이 2.4m, 1.5B 벽돌벽 쌓기 시 벽돌량 및 쌓기 모르타르량을 산출하시오. (단, 벽돌은 표준형으로 한다.) (4점)

✓ 정답 및 해설 벽돌의 정미량과 모르타르량 산출

① 벽돌의 정미량 산출

   ㉮ 벽면적의 산정 : 벽의 길이×벽의 높이=12.8×2.4=30.72m²

   ㉯ 표준형이고 벽 두께가 1.5B이므로 244매/m²이고, 할증률은 3%이다.

   ㉮, ㉯에 의해서 벽돌의 정미량=224매/m²×30.72m²=6,881.2매≒6,882매이다.

② 모르타르의 소요량은 벽돌 1,000매당 0.35m³이므로 $0.35 \times \dfrac{6,882}{1,000} = 2.4087m^3 ≒ 2.41m^3$

그러므로, 벽돌의 소요(정미)량은 6,882매이고, 모르타르의 양은 2.41m³이다.

012

다음 〈보기〉에서 해당하는 용어를 고르시오. (4점)

보기

① 가장 빠른 개시시각　　　　　② 가장 늦은 개시시각

③ 가장 빠른 종료시각　　　　　④ 가장 늦은 종료시각

⑤ 가장 빠른 결합점시각　　　　⑥ 가장 늦은 결합점시각

㉮ EST　　　　㉯ LST　　　　㉰ ET　　　　㉱ EFT

✓ 정답 및 해설 네트워크의 용어

㉮ EST(Earliest Starting Time) : 해당 작업을 시작할 수 있는 가장 빠른 시각이다.

㉯ LST(Latest Starting Time) : 공기에 영향이 없는 범위에서 작업을 늦게 개시하여도 좋은 가장 늦은 개시시각이다.

㉰ ET(Earliest Time) : 가장 빠른 결합점 시각으로, 최초의 결합점에서 대상의 결합점에 이르는 경로 중 가장 긴 경로를 통하여 가장 빨리 도달하는 결합점 시각이다.

㉱ EFT(Earliest Finishing Time) : 해당 작업을 끝낼 수 있는 가장 빠른 시각이다.

㉮ : ①, ㉯ : ②, ㉰ : ⑤, ㉱ : ③

001

다음 〈보기〉의 타일을 흡수성이 큰 순서대로 배열하시오. (3점)

보기

① 자기질　　　　② 토기질　　　　③ 도기질　　　　④ 석기질

✓ **정답 및 해설** 타일의 흡수성

토기질(20% 이상) → 도기질(10% 이상) → 석기질(3~10%) → 자기질(0~1%)의 순이다.
즉, ② → ③ → ④ → ①이다.

002

다음은 경량철골 천장틀 설치순서이다. 시공순서에 맞게 나열하시오. (3점)

보기

① 달대 설치　　　② 앵커 설치　　　③ 텍스 붙이기　　　④ 천정틀 설치

✓ **정답 및 해설** 경량철골 천장틀의 설치 순서

앵커 설치 → 달대 설치 → 천장틀 설치 → 텍스 붙이기의 순이다.
즉, ② → ① → ④ → ③이다.

003

목재의 부패를 방지하기 위해 사용하는 유성 방부제의 종류를 3가지 쓰시오. (3점)

①　　　　　　　　　②　　　　　　　　　③

✓ **정답 및 해설** 유성 방부제의 종류

① 크레오소트, ② 콜타르, ③ 아스팔트, ④ 펜타클로로페놀

004

다음 아래의 용어를 간략히 설명하시오. (4점)

① 코펜하겐리브 :
② 코너비드 :
③ 조이너 :
④ 듀벨 :

✔ 정답 및 해설 │ 용어 정의

① 코펜하겐리브 : 보통은 두께 5cm, 너비 10cm 정도로 긴 판이며, 표면은 자유 곡선으로 깎아 수직 평행선이 되게 리브를 만든 것으로 면적이 넓은 강당, 영화관, 극장 등의 안벽에 붙이면 음향 조절 효과와 장식 효과가 있다. 주로 벽과 천장 수장재로 사용한다.
② 코너비드 : 벽이나 기둥의 모서리를 보호하기 위하여 미장 바름할 때 붙이는 철물이다.
③ 조이너 : 천장, 벽 등의 이음새를 감추기 위해 사용한다.
④ 듀벨 : 볼트와 함께 사용하는데 듀벨은 전단력에, 볼트는 인장력에 작용시켜 접합재 상호 간의 변위를 막는 강한 이음을 얻기 위해 또는 목재의 접합에서 목재와 목재 사이에 끼워서 전단에 대한 저항 작용을 목적으로 한 철물에 사용한다. 큰 간사이의 구조, 포갬보 등에 쓰이고 파넣기식과 압입식이 있다.

005

목공사에 쓰이는 연귀맞춤에 대하여 간략히 기술하시오. (3점)

✔ 정답 및 해설

연귀맞춤은 직교되거나 경사로 교차되는 부재의 마무리가 보이지 않게 서로 45° 또는 맞닿는 경사각을 반으로 빗 잘라대는 맞춤을 말하며, 내부에 장부 또는 촉으로 보강하거나 옆에서 산지치기 또는 뒤에서 거멀못 등으로 보강한다.

006

다음에서 설명하는 내용의 명칭을 쓰시오. (3점)

널 한쪽에 홈을 파고 딴 쪽에는 혀를 내어 물리게 한 쪽매

✔ 정답 및 해설

제혀쪽매

007

석재의 가공 마무리 순서를 바르게 나열하시오. (4점)

보기

① 잔다듬   ② 물갈기   ③ 메다듬
④ 정다듬   ⑤ 도드락다듬

✔ **정답 및 해설** 석재가공의 표면 마무리

혹두기(메다듬, 쇠메) → 정다듬(정) → 도드락다듬(도드락망치) → 잔다듬(양날망치) → 물갈기(숫돌, 기타) 순이다.

③ → ④ → ⑤ → ① → ②

008

다음 합성수지 재료 중 열가소성 수지를 〈보기〉에서 고르시오. (3점)

보기

① 아크릴   ② 염화비닐   ③ 폴리에틸렌
④ 멜라민   ⑤ 페놀   ⑥ 에폭시

✔ **정답 및 해설** 열경화성 및 열경화성 수지의 분류

합성수지를 분류하면, 열경화성 수지(고형체로 된 후에 열을 가해도 연화되지 않는 수지)와 열가소성 수지(고형체에 열을 가하면, 연화 또는 용융되어 가소성과 점성이 생기고 이를 냉각하면 다시 고형체가 되는 수지)가 있으며, 다음 표와 같이 분류할 수 있다.

열경화성 수지	페놀(베이클라이트, 석탄산)수지, 요소수지, 멜라민수지, 폴리에스테르수지(알키드수지, 불포화 폴리에스테르수지), 실리콘수지, 에폭시수지, 프란수지, 폴리우레탄수지 등
열가소성 수지	염화비닐수지, 폴리에틸렌수지, 폴리프로필렌수지, 폴리스티렌수지, ABS수지, 아크릴산수지, 메타아크릴산수지, 불소수지, 스티롤수지, 초산비닐수지 등
섬유소계 수지	셀룰로이드, 아세트산 섬유소수지

열가소성 수지 : ① 아크릴수지, ② 염화비닐수지, ③ 폴리에틸렌수지

009

다음 아래의 공정표에서 ② → ④의 전체 여유일은 며칠인지 구하시오. (4점)

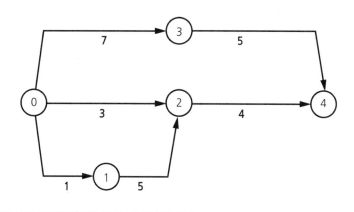

✔ **정답 및 해설** 전체 여유의 산정

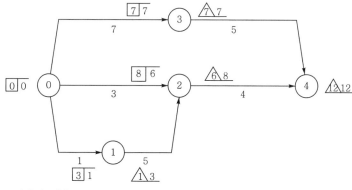

TF(전체 여유)＝LFT－(EST＋소요일수)＝LFT－EFT＝12－10＝2일

010

다음은 유리공사에 대한 용어이다. 용어를 간단히 설명하시오. (4점)

① 샌드블라스트 :
② 세팅블록 :

✔ **정답 및 해설** 유리공사의 용어

① 샌드블라스트 : 유리면에 오려낸 모양 판을 붙이고, 모래를 고압 증기로 뿜어 오려낸 부분을 마모시켜 유리면에 무늬 모양을 만든 유리로서 장식용 창이나 스크린 등에 사용한다.
② 세팅블록 : 새시 하단부의 유리끼움용 부재료로서 유리의 자중을 지지하는 고임재이다.

011

복층유리의 장점을 3가지 쓰시오. (3점)

①   ②   ③

✔ **정답 및 해설** 복층유리의 특징

① 단열, 보온, 방한, 방서의 효과가 있다.

② 방음의 효과는 있으나, 차음의 효과는 거의 동일하다.

③ 결로 방지용으로 매우 우수하다.

012

다음은 목공사의 단면치수 표기법이다. 괄호 안에 알맞은 용어를 쓰시오. (3점)

목재의 단면을 표시하는 치수는 특별한 지침이 없는 경우 구조재, 수장재는 모두
(①)치수로 하고, 창호재, 가구재의 치수는 (②)로 한다. 또 제재목을 지정 치
수대로 한 것을 (③)치수라 한다.

✔ **정답 및 해설** 목재의 단면치수

① 제재, ② 마무리, ③ 제재정

001

석공사에 있어서 석재의 접합에 사용되는 연결철물의 종류를 3가지를 쓰시오. (2점)

① ② ③

✓ **정답 및 해설** 석재의 연결철물

① 촉, ② 꺾쇠, ③ 은장

002

다음 벽돌쌓기법에 대하여 설명하고 그 그림을 그리시오 (4점)

① 영식쌓기 ② 화란식쌓기

✓ **정답 및 해설** 벽돌쌓기법

① 영식쌓기 : 서로 다른 아래·위 켜(입면상으로 한 켜는 마구리쌓기, 다음 한 켜는 길이쌓기로 번갈아)로 쌓고, 통줄눈이 생기지 않으며 내력벽을 만들 때에 많이 이용되는 벽돌쌓기법이다. 특히, 모서리 부분에 반절, 이오토막 벽돌을 사용하며 통줄눈이 생기지 않게 하려면 반절을 사용하여야 한다. 가장 튼튼한 쌓기 방법이다.

② 화란(네덜란드)식쌓기 : 한 면의 모서리 또는 끝에 칠오토막을 써서 길이쌓기의 켜를 한 다음에 마구리쌓기를 하여 마무리하고 다른 면은 영식쌓기로 하는 방식으로, 영식쌓기 못지 않게 튼튼하다.

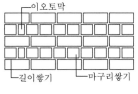

〈영식쌓기〉

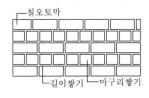

〈화란식쌓기〉

003

목재건조법 중 인공건조법 3가지를 쓰시오. (3점)

① ② ③

✔ 정답 및 해설 **인공건조법의 종류**

㉠ 증기법 : 건조실을 증기로 가열하여 건조시키는 방법
㉡ 열기법 : 건조실 내의 공기를 가열하거나 가열 공기를 넣어 건조시키는 방법
㉢ 훈연법 : 짚이나 톱밥 등을 태운 연기를 건조실에 도입하여 건조하는 방법
㉣ 진공법 : 원통형의 탱크 속에 목재를 넣고 밀폐하여 저온·저압 상태 하에서 수분을 빼내는 방법이다.
① 증기법, ② 열기법, ③ 훈연법, ④ 진공법

004

다음 용어를 설명하시오. (4점)

① 논슬립 :
② 코너비드 :

✔ 정답 및 해설 **용어 정의**

① 논슬립(미끄럼막이) : 계단의 미끄럼 방지를 위해 설치하는 철물이다.
② 코너비드 : 벽이나 기둥의 모서리를 보호하기 위하여 미장 바름할 때 붙이는 철물이다.

005

다음 ( ) 안에 알맞은 내용을 쓰시오. (2점)

㉮ 판유리 중간에 건조공기를 삽입하여 봉입한 유리로 단열, 방음, 결로방지가 우수한 유리 (①)
㉯ 얇은 강판에 자름금을 내어 늘린 마름모꼴 형태의 철망으로 천장, 벽 등의 미장바름 보호용으로 사용되는 철망 (②)

① ②

✔ 정답 및 해설

① 복층유리, ② 메탈라스

006

바닥 플라스틱재 타일의 시공순서를 다음 〈보기〉에서 골라 순서대로 번호를 쓰시오 (3점)

> 보기
> ① 프라이머 도포 　② 접착제 도포 　③ 바탕 고르기 　④ 타일 붙이기

✔ **정답 및 해설** 바닥 플라스틱제 타일의 시공 순서

바탕 고르기 → 프라이머 도포 → 접착제 도포 → 타일 붙이기의 순이다.

즉, ③ → ① → ② → ④의 순이다.

007

다음 용어 설명에 맞는 재료를 기입하시오. (3점)

> ① 3매 이상의 단판을 1매마다 섬유방향에 직교하도록 겹쳐 붙인 것
> ② 목재의 부스러기를 합성수지와 접착제를 섞어 가열, 압축한 판재
> ③ 섬유질을 주원료로 이를 섬유화, 펄프화하여 접착제를 섞어 판으로 만든 것

✔ **정답 및 해설**

① 합판, ② 파티클 보드, ③ 섬유판

008

미장공사 중 시멘트 모르타르 마감의 시공순서를 〈보기〉에서 골라 번호를 나열하시오. (3점)

> 보기
> ① 바탕처리 　② 초벌바름 　③ 정벌바름
> ④ 재벌바름 　⑤ 고름질

✔ **정답 및 해설** 시멘트 모르타르 마감의 순서

바탕처리 → 초벌바름 → 고름질 → 재벌바름 → 정벌바름의 순이다.

즉, ① → ② → ⑤ → ④ → ③이다.

009

다음 그림과 같은 목재 창문틀에 소요되는 목재량(m^3)을 구하시오. (단, 목재의 단면치수는 90mm×90mm이다.) (4점)

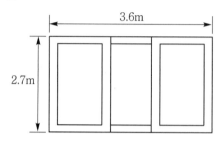

✔ **정답 및 해설** **목재량의 산출**

목재의 양=수평재의 양+수직재의 양

=(수평재의 체적×개수)+(수직재의 체적×개수)

=(수평재의 단면적×길이×개수)+(수직재의 단면적×길이×개수)

={(0.09×0.09)×3.6×2}+{(0.09×0.09)×2.7×4}=0.05832+0.08748

=0.1458 ≒ 0.146m^3

010

적산 시 사용되는 할증률을 ( ) 안에 써 넣으시오. (4점)

① 붉은벽돌 : (   )

② 시멘트벽돌 : (   )

③ 블록 : (   )

④ 모자이크타일 : (   )

✔ **정답 및 해설**

① 3%, ② 5%, ③ 4%, ④ 3%

011

다음 네트워크 공정관리기법 용어와 관계있는 설명을 골라 ( ) 안에 번호를 쓰시오. (4점)

보기

① 작업과 작업을 결합하는 점, 개시 및 종료점
② 작업을 가장 빨리 완료할 수 있는 시각
③ 작업 개시 결합점에서 종료 결합점에 이르는 가장 긴 경로
④ 공기에 영향이 없는 범위에서 작업을 가장 늦게 시작해도 되는 시일
⑤ 화살선으로 표현할 수 없는 작업의 상호관계를 표시하는 화살표

(가) Dummy ( )   (나) Event ( )
(다) 주공정선(CP) ( )   (라) LST ( )

✔ 정답 및 해설

(가) Dummy : ⑤, (나) Event : ①, (다) 주공정선 : ③, (라) LFT : ④

012

타일 시공 시 타일나누기에 대한 주의사항 4가지를 기술하시오. (4점)

①   ②   ③   ④

✔ 정답 및 해설 **타일나누기 시 주의사항**

① 색깔, 매수, 크기(마름질), 매설물, 이형철물 등의 위치를 명시하여야 한다.
② 모듈의 값(타일의 규격과 줄눈의 합계)을 기준으로 하여야 하고, 시공면의 높이가 타일의 정수배로 나누어지도록 하며, 약간의 차이가 있는 경우에는 줄눈을 조절하도록 한다.
③ 바름 두께를 적용에 두고 실측하고 작성하며, 교차되는 벽의 타일바름두께를 가감하고 중간 정수배로 나누어지도록 한다.
④ 일정한 규격치의 것을 사용하여 전체 온장이 쓰이도록 계획하고, 조각내어 쓰는 곳이 없도록 한다.

한 번에 합격하기
실내건축산업기사 [실기 시공실무]

2020. 4. 16. 초 판 1쇄 발행
2022. 4. 1. 개정증보 1판 1쇄 발행

지은이 | 정하정
펴낸이 | 이종춘
펴낸곳 | BM ㈜도서출판 성안당

주소 | 04032 서울시 마포구 양화로 127 첨단빌딩 3층(출판기획 R&D 센터)
10881 경기도 파주시 문발로 112 파주 출판 문화도시(제작 및 물류)

전화 | 02) 3142-0036
031) 950-6300
팩스 | 031) 955-0510
등록 | 1973. 2. 1. 제406-2005-000046호
출판사 홈페이지 | www.cyber.co.kr
ISBN | 978-89-315-6470-9 (13540)
정가 | 23,000원

이 책을 만든 사람들
기획 | 최옥현
진행 | 김원갑
교정·교열 | 김원갑, 최주연
전산편집 | 이다혜
표지 디자인 | 박원석
홍보 | 김계향, 이보람, 유미나, 서세원
국제부 | 이선민, 조혜란, 권수경
마케팅 | 구본철, 차정욱, 나진호, 이동후, 강호묵
마케팅 지원 | 장상범, 박지연
제작 | 김유석

www.cyber.co.kr ★★★
성안당 Web 사이트